# WATER SOLUBILITY
# 수용성 도장
# 실무
# PAINTING PRACTICE

저자 약력 | 이강복

• 現 한국폴리텍대학 춘천캠퍼스 전기자동차과 교수

# 수용성 도장 실무

**초판 인쇄** | 2025년 9월 20일
**초판 발행** | 2025년 9월 30일

**저　　자** | 이강복
**발 행 인** | 조규백
**발 행 처** | 도서출판 **구민사**
(07293) 서울특별시 영등포구 문래북로 116, 604호(문래동 3가 46, 트리플렉스)
**전　　화** | (02) 701-7421
**팩　　스** | (02) 3273-9642
**홈페이지** | www.kuhminsa.co.kr

**신고번호** | 제2012-000055호 (1980년 2월 4일)
**I S B N** | 979-11-6875-622-9 (93550)

**값** | **29,000원**

# Preface

머리말

최근 자동차는 경제생활 및 실생활에서 필수품이 된지 오래다. 또한 다양한 소비자의 요구와 자동차 제작사 신차 출시에 따른 안전 시스템은 나날이 발전되고 있다. 자동차의 보급 증대로 교통사고의 급증은 물론 기후변화, 탄소 배출량 감축, 자원절약, 친환경 소비, 저탄소 녹색성장 등 지구환경 문제가 중요한 이슈로 대두대고 있다. 친환경적이고 안전하며, 연비와 경제성, 편이성이 우수한 자동차는 필수사항이며 다양한 고객의 욕구에 따라 자동차 산업에 새로운 변화를 맞이함이 필연적이다.

대기오염 감소, 온실가스 감축, 에너지 효율성 등 긍정적인 측면에 전기 자동차 및 하이브리드 자동차가 나날이 성장과 점유율이 증가하며, 자동차 제작 공정에서도 친환경자재 및 도료가 사용되고, 자동차 정비 분야와 차체수리 및 자동차 도장 현장에서도 VOCs, 미세먼지, 이산화탄소 배출량을 줄이기 위해 친환경 기술을 도입하고 있다. 또한, 정부의 환경 규제가 강화됨에 따라 수용성 도료의 보급이 더욱 가속화되고 친환경 도장 기술이 요구되고 있다.

수용성 도장은 기술 발전과 고객의 요구에 따라 다변화된 색상과 품질을 가지며, 다양한 칼라가 채택되고 있으며, 자동차 사고 및 노후로 인한 변형된 자동차를 원상 복구하는 과정에서 친환경 도장 공정과 숙련된 기술이 필요하다. 시너 대신 물을 혼합하여 사용되는 친환경적인 수용성 도료와 공정은 환경오염을 줄이고, 작업자의 안전이 개선되며 자동차 도장 산업에서 시장의 성장을 견인할 것이다.

수용성 도장 기술은 변형이나 손상된 자동차 복원 작업이며, 고객의 요구나 칼라를 맞추기 위한 현장 조색과 신차 도장에 부합되는 기능성 도료의 채택과 숙련된 공정을 거쳐 자동차 내구성과 상품 가치를 향상시키는 작업이며, 수용성 도료의 사용과 새로운 도장 공정이 적용됨에 따라서 친환경적인 자동차 도장 기술 변화가 이루어지고 있다.

본 교재는 자동차 도장 실무 기술자와 모든 학습자들을 위한 실무와 자격검정을 준비하는 수험생을 중심으로 제작된 학습 교재로 앞으로 자동차 도장 분야의 기술력을 한 층 더 향상시키는데 일조할 것을 다짐하며, 도장 분야 종사자의 많은 지도와 조언을 부탁드리는 바이다.

끝으로 이 교재가 완성하는데 도움을 준 모든 분들에게 감사드리며 또한 교재가 완성될 때까지 열정을 갖고 본 원고를 다듬어준 도서출판 구민사 조규백 대표님과 나영균 전무님, 편집부 여러분들에게 깊은 감사를 드린다.

CHAPTER 01

# 도장의 개요


1. 도장의 목적 _ 2

1.1 소재의 보호 _ 3

1.2 외관의 향상 _ 3

1.3 외관의 식별 _ 3

2. 신차 도장 공정 _ 3

2.1 표면 처리 _ 4

2.2 하도 도장 _ 4

2.3 중도 도장 _ 5

2.4 상도 도장 _ 5

2.5 도막의 두께 _ 6

3. 자동차 도료 _ 7

3.1 색상 도료(베이스) _ 7

3.2 도료의 조성 _ 9

3.3 경화와 건조 _ 14

4. 도료의 생산 공정 _ 16

4.1 예비 분산 _ 16

4.2 분산 _ 16

4.3 혼합 및 조합 _ 18

4.4 검사 _ 19

4.5 포장 _ 21

Contents

목차

# CHAPTER 02 표면 처리


1. 탈지 작업 _ 25

 1.1 탈지 필요성 _ 26

 1.2 탈지방법 _ 27

 1.3 탈지 작업 시 주의사항 _ 28

2. 패널상태 확인 및 박리 _ 29

 2.1 패널의 손상부위 확인 작업 _ 29

 2.2 구도막 박리 작업 _ 32

3. 다단 낮추기 _ 38


# CHAPTER 03 퍼티


1. 퍼티 _ 44

 1.1 퍼티의 종류 _ 45

 1.2. 퍼티 전 작업 _ 51

2. 퍼티 공정 _ 54

 2.1 작업준비 _ 54

2.2 퍼티 혼합 _ 56
2.3 퍼티 도포 _ 57
2.4 퍼티 건조 _ 58
2.5 퍼티 연마 _ 59

CHAPTER 04

## 하도 도장

1. 하도 도장 _ 66
1.1 작업 방법 _ 67
2. 스프레이건 _ 69
2.1 스프레이건의 분류 _ 69
2.2 스프레이건의 특징 _ 70
2.3 플라스틱 프라이머 도장 작업 _ 80
2.4 스프레이건 세척 방법 _ 83

CHAPTER 05

## 마스킹

1. 마스킹 _ 90
1.1 마스킹 테이프의 요구조건 _ 92

Contents

목차

2. 유형별 마스킹 작업 _ 94

2.1 마스킹 테이프의 종류 _ 94

2.2 일반 마스킹 작업 _ 96

2.3 역 마스킹 작업 _ 96

2.4 터널 마스킹 작업 _ 97

2.5 차량 마스킹 작업 _ 97

CHAPTER 06 중도 도장

1. 프라이머 서페이서 _ 102

1.1 프라이머 서페이서의 개요 _ 102

1.2 프라이머 서페이서 _ 103

2. 프라이머 세페이서 작업 _ 105

2.1 맨 철판 작업 _ 105

2.2 퍼티 면의 서페이서 도장 _ 106

2.3 래커계(1액형) 도막에 서페이서 도장 _ 107

2.4 신품 패널에 적용 _ 108

3. 서페이서 도장 _ 109

3.1 신(新) 교환 부품(패널전체) 도장 _ 109

3.2 프라이머 서페이서 부분 도장 _ 113

3.3 논샌딩 서페이서 작업(후속 도장 수용성 베이스 칼라) _ 122

CHAPTER 07

## 상도 도장

1. 1C1B(1Coat 1Bake) 도장하기 _ 129

2. 2C1B(2Coat 1Bake) 도장하기 _ 135

3. 3C1B(3Coat 1Bake) 도장하기 _ 145

4. 수용성 도장하기 _ 157

CHAPTER 08

## 안전위생과 품질관리

1. 도장 작업의 안전위생 _ 171

1.1 분진 _ 172

1.2 유기 용제 _ 174

2. 폐기물의 처리와 작업관리 _ 184

2.1 취급과 폐기 _ 184

2.2 폐 용제 재생장치 _ 185

2.3 대기환경보전법 _ 185

2.4. 탈취장치 _ 186

Contents

목차

2.5. 설비 기기의 정비 _ 186
2.6 소모품의 사용기한 _ 188
2.7 품질보증 _ 188

CHAPTER 09 도장결함 및 도장용어

1. 도장결함 및 도장용어 해설 _ 194

참고문헌 _ 234

# 도장의 개요

# 01

CHAPTER 01

# 도장의 개요

**학습목표**

1. 도장의 목적을 알 수 있다.
2. 신차도장 공정을 알 수 있다.
3. 다단 낮추기를 할 수 있다.

## 1 도장의 목적

**학습목표** 도장의 목적을 알 수 있다.

도장은 제품의 내구성 향상과 소재를 보호하며, 미관을 아름답게 하고, 제품의 상품가치를 높이며, 피 도장물의 기능과 소속, 식별을 목적으로 특별한 색상으로 도장하며, 상품가치 향상을 위해 광택을 부여하며, 개인의 취향이나 용도에 따라 광택이 전혀 없는 무광을 만들기도 한다.

### 1.1 소재의 보호

도장은 재료의 녹(산화)이나 부식, 오염 등을 방지하기 위하여 차량의 바디와 섀시, 하체(현가, 제동, 조향, 주행 장치 등)부품을 포함한 차량 전체 소재의 보호와 내구성을 향상시킨다.

### 1.2 외관의 향상

도장은 아름다운 색상으로 착색하여 미려한 외관과 상품가치를 향상시키며, 다양한 칼라와 특수 안료를 개발 출시되고 용도에 맞는 기능성을 겸비한 도막을 형성한다. 최근 수용성 도료의 개발과 유기용제(시너) 사용 억제 등 환경을 위한 도료가 개발되고, 특히 유용성 도료(시너를 첨가한 도료) 사용이 억제되고 있다.

### 1.3 외관의 식별

회사 및 법인차량 등 피 도장물의 기능 등을 부여하기 위해, 특정한 칼라를 도장하여, 광고 및 의미와 소속 등을 명확하게 할 수 있다(소방자동차는 적색, 구급차는 백색, 순찰용 자동차의 백·청색의 조합, 영업용 택시, 상용차의 기업 색상 등).

## 2 신차 도장 공정

**학습목표** 신차 도정 공정을 알 수 있다.

신차 도장 공정은 표면 처리(패널의 평활성, 적당한 스크레치, 이물질제거, 유분제거) 후, 하도 도장(방청, 밀착력, 산화방지), 중도 도장(두께 형성, 평활성), 상도 도장(색상 부여, 광택, 미관, 내후성)의 여러 층의 구조로 되어 있다. 공정에 따라서 하도와 중도 공정을 하나의 공정(기능성 도료)으로 진행하고, 상도 도장 공정을 여러 층으로 반복하는 경우도 있다.

## 2.1 표면 처리

표면 처리는 방청력과 도료와의 부착력을 부여하기 위해서 골격부인 화이트바디(자동차 차체)를 인산 아연계의 용액을 가득 채운 용기에 담근다.

그림 1-1 전착처리(인산 아연계 용액에 차량 바디를 침수)

## 2.2 하도 도장

하도 도장은 패널을 녹슬지 않게 하며, 중도도료가 잘 부착되도록 하는 기능을 갖는다. 신차 생산 공정에서 화이트바디(분해되지 않는 차체부품)는 차체 전체를 도료탱크에 담가 전기를 통해서 구석까지(안쪽 바깥쪽 모두) 도료가 침투되도록 하는 전착(ED)도장으로 이루어진다.

하도 공정 다음 방청력을 강화하기 위한 언더코팅(차체 바닥면 도장), 내 치핑(chipping) 도료(돌이 튕겨서 생긴 상처에서 발생하는 녹을 예방) 강판의 접합부 및 패널과 패널의 연결부위 등에 실링제(밀봉재)가 도포된다.

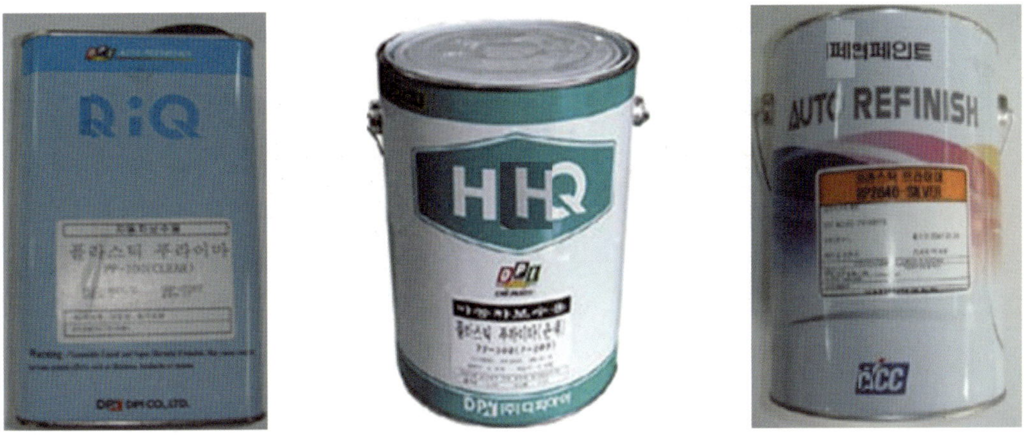


(a) (b) (c)

그림 1-2 하도용 도료(플라스틱 프라이머)

## 2.3 중도 도장

중도 도장은 금속면의 미세하게 울퉁불퉁한 부분을 메워주며, 도막 전체의 두께를 만들고 상도도료의 보강과 부착성을 좋게 하는 등 여러 기능을 갖는다. 열경화 폴리에스테르 수지 도료가 사용된다.

## 2.4 상도 도장

상도 도장은 외관을 도장하여 상품가치를 높이는 과정으로 색상 도료와 클리어 도료가 상도 도장에 속한다. 소부 건조 도료는 150℃ 전후의 고온에서 경화(도막형성)하며, 솔리드는 열 경화의 폴리에스테르계 등에 사용되고, 메탈릭은 아크릴계 도료(수지는 투명성이 있는 아크릴과 멜라민)가 사용된다.

여러 가지 기능성을 갖게 하는 클리어는 발수성에 특징이 있는 불소 클리어(불소수지와 멜라민 수지)를 주로 사용하고 있다. 정비측면에서 친수성 클리어, 산성비 대책으로 우레탄계 클리어가 사용되고 있으며 환경문제를 고려하여 수용성 도료나 정전도장에 의한 방법이 점차로 증가되고 있다.

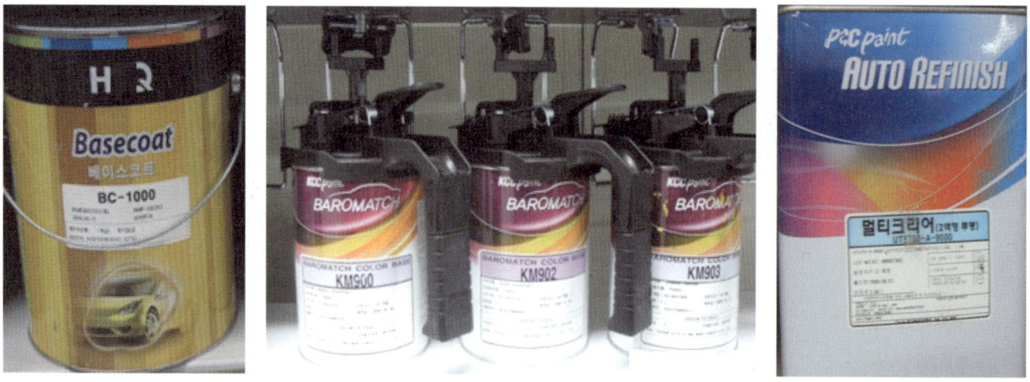


(a) (b) (c)

그림 1-3 보수도장 상도도료

## 2.5 도막의 두께

신차 도막의 두께는 도장 공정에서 스프레이량(도료 분무량)과 분부패턴(겹침 폭), 도장횟수 등에 의해서 좌우될 수도 있지만 일반적으로 100~110$\mu$m 정도가 된다. 수직면보다 수평면의 두께가 두꺼우며, 범퍼 등 수지 부품은 내열성이 낮기 때문에 별도로 도장되어 조립되는 경우도 있다.

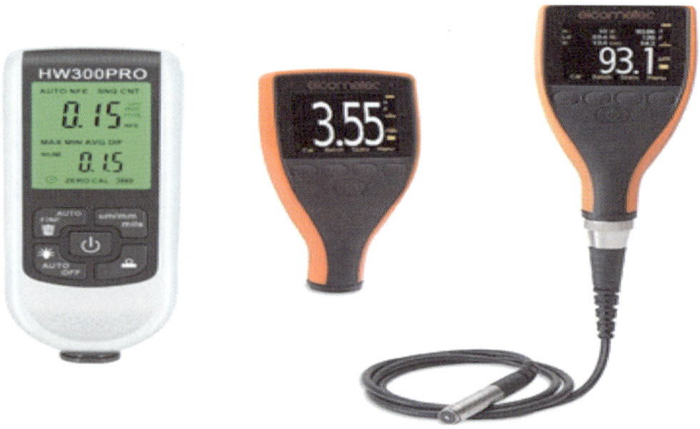


그림 1-4 도막 측정기

# 3 자동차 도료

**학습목표** 자동차 도료의 특성을 알 수 있다.

## 3.1 색상 도료(베이스)

### 3.1.1 솔리드 칼라

솔리드 칼라는 단 색깔을 의미하며 상도도료의 밀도가 높은 색상 안료가 포함되어 도막을 형성하면서 빛의 반사에 의한 색상이 결정되며, 착색된 1종류의 층을 이루고 있다.

의장성을 높이기 위해서

① 같은 칼라 베이스

② 일반의 소부 클리어

③ 칼라 클리어(클리어에 칼라 베이스를 첨가한 것)

④ 기능성 클리어(내 스크래치성)

를 도장한 2코트의 솔리드가 있다.

2코트 솔리드 도료는 기능성 도료인 우레탄이라 하며, 다양한 솔리드 칼라와 클리어 코드를 혼합하여 1회의 도장 공정으로 베이스 공정(색상도료공정) 클리어(광택도료공정) 도장 공정을 한 번에 작업할 수 있는 우레탄 도료를 공급하여 간단한 작업성이 장점이다. 예를 들어 차량 또는 패널을 검정색(블렉 베이스도료)으로 도장할 경우 검정색 베이스를 도장하고, 건조작업 후, 클리어 코드 도장 공정과 다시 건조작업으로 검정색 도장 공정을 마무리한다, 그러나 검정색(블렉 우레탄도료) 우레탄은 베이스와 클리어가 혼합된 우레탄 도료를 한 번의 도장 공정과 건조공정으로 마무리하여 빠른 작업성, 편리성, 도료의 경제성, 시간절약 등이 장점이다.

### 3.1.2 메탈릭 칼라

메탈릭 칼라는 도료의 안료뿐만 아니라 내부의 은분(알루미늄 입자)까지 반사하게 되므로 도막을 관찰하는 위치에 따라 원래의 색상과 조금씩 다르게 보이며, 은색 가루분으로 인한 빛의 난반사 때문에 외관이 더욱 수려하게 보이며. 메탈릭이란 용어처럼 다양한 색상에서 딱딱한 느낌을 주는, 특히 노출된 금속 표면 같은 느낌을 주는 칼라 특성을 갖는다. 특히 엔진이나 배기구, 기계부품, 프레임 등을 표현하거나, 황금색으로 빛나는 일부 기체 등 색상 이름도 주로 '메탈릭 실버', '메탈릭 골드', '메탈릭 티타늄' 같은 금속성으로 표현되고, 솔리드 칼라에서 구현될 수 없는 다양한 색상으로 구성된다.

알루미늄의 작은 조각을 포함하는 메탈릭 베이스 칼라를 먼저 도장하고 그 다음에 클리어를 도장하는 2층 구조로 도장 공정을 수행한다. 알루미늄 도료만을 도장할 경우 실버(알루미늄 색상) 메탈릭이 된다.

클리어는 기능성 타입과 그 밖의 것을 클리어 위에 도장하는 경우도 있으며, 메탈릭 칼라의 특징은 도막이 금속적인 빛과 입체감을 가지게 되어 보는 사람으로 하여금 솔리드 칼라보다 고급스런 색으로 보이게 하는데 그 목적이 있다.

보수도장 시 모든 메탈릭 칼라와 펄 칼라는 별도의 클리어(투명)공정이 필요하다.

[공정별 도막 두께]

| 구 분 | 솔리드 칼라 | 메탈릭 칼라 | 비 고 |
|---|---|---|---|
| 상도 | 45~50$\mu m$ | 상도 클리어 30~40$\mu m$ | |
| | | 상도 베이스 25~35$\mu m$ | 알루미늄 가루+<br>솔리드 칼라 |
| 중도 | 35~40$\mu m$ | 35~40$\mu m$ | |
| 하도 | 20~25$\mu m$ | 20~25$\mu m$ | |

### 3.1.3 펄 칼라

펄 칼라는 운모 안료를 첨가한 도장으로 메탈릭이나 기타의 특수 안료를 첨가한 변형(variation) 칼라도 있다. 도막은 메탈릭 칼라와 같은 클리어를 겹친 2층 구조의

2코트 펄과 착색층(칼라 베이스), 펄층(펄 베이스), 클리어의 3층 구조로 된 3코트 펄이 있다. 3코트 펄은 도막의 속에 있는 펄 안료에 빛이 투과하여 반사되는 굴절로써 보는 각도에 따라 진주 빛 광택과 무지개 색의 빛을 나타내는 도색으로서 메탈릭 칼라와는 또 다른 우아한 미관성과 황홀감을 준다. 소비자 요구의 변화와 많은 제품에 감성마케팅이라는 이성적인 측면과 감성적인 측면을 모두 충족하기 위해 차량 외장칼라가 큰 비중을 차지하며, 이를 충족하기 위해 다양한 펄 칼라 안료와 도장 공정이 채택되고 있다.

### 3.1.4 기타

메탈릭이나 펄 칼라에 새로운 안료를 포함하고 있는 도색도 있으나, 분류상으로는 솔리드 칼라, 메탈릭 칼라, 펄 칼라의 3가지 타입으로 구별된다. 단, 신차에서 사용은 적지만 2색상으로 보이는 것이 특징인 멀티 칼라로 보는 각도에 따라 색상이 달리 보이게 만들며, 복잡한 도장 공정이 수반된다.
자동차 메이커와 도료 메이커는 항상 새로운 타입의 도료와 도장 공정을 개발하고 있으며 앞으로 새로운 의장성을 가진 하나의 그룹으로서 정착해 나아갈 것이다.

## 3.2 도료의 조성

도료는 수지, 안료, 용제, 첨가제로 구성되어 있다. 수지는 도료의 기본 골격으로 도료의 특성과 성능이 좌우되며 광택, 경도, 부착률이 결정되며 20~60%가 포함된다.
안료는 물, 용제 등에 용해되지 않는 색깔 분말 입자로서 도료 내에 분산되어 있으며 색상에 따라 20~40%를 차지한다.
용제는 도료중의 수지를 용해하는 화학물질로, 도장 후에 대기 중에 증발되어 도막에 남지 않으며, 수지를 녹이고 안료(녹지 않는 분말입자)와 수지를 골고루 혼합되게 하는 역할을 하며 보통 30~80%를 차지하고 있다.

### 3.2.1 수지(Resin, Binder)

수지, 레진, 바인더라 하며 일반적으로 아크릴 멜라닌계 또는 폴리우레탄계의 수지를 시너(유기용제)에 녹여서(물성을 가지는) 도료가 유동성과 물성을 가지는 것은 수지가 용해되기 때문이며 도막이 된 도료는 수지 그 자체이다. 도료에 사용되는 수지의 성질에 따라서 도료의 성능이 크게 좌우되며, 용제나 시너에 의해 적당한 물성과 점도를 가지며 투명(수지) + 안료액체로서 건조시 도막을 형성한다. 천연 수지는 동·식물에서 석출 또는 분비되는 것으로 기름, 니스, 락카 등의 도료에 사용되고, 공업용에 사용하지 않는다. 합성 수지는 열가소성 수지와 열경화성 수지로 나누며 여러 가지의 화학 원료를 반응으로 합성되는 것의 총칭이며, 천연 수지에 비교하여 대단히 큰 분자량을 가진 유기 화합물이다.

열가소성 수지는 열을 가하면 부드러워지고 냉각하면 경화되는 성질을 반복되며, 용제에 녹는다. 열경화성 수지는 열을 가하면 경화되고 냉각 후 재차 가열하여도 부드러워지지 않으며, 깨지기 쉽고 용제에 대한 저항력이 크다.

<table>
<tr><th colspan="2">분 류</th><th>수지명</th></tr>
<tr><td colspan="2">천연 수지</td><td>로진, 셀락, 코-벌, 달만고무</td></tr>
<tr><td rowspan="2">합성 수지</td><td>열가소성 수지</td><td>염화비닐 수지, 아크릴 수지, 스티롤 수지, 초산비닐 수지, 불소 수지, 폴리에틸렌, 폴리프로필렌, 나일론</td></tr>
<tr><td>열경화성 수지</td><td>멜라민 수지, 아크릴 수지, 우레아 수지, 에폭시 수지, 페놀 수지, 폴리에스테르 수지, 폴리우레탄 수지</td></tr>
</table>

### 3.2.2 안료(Pigment)

안료는 용제 및 물 등에 녹지 않고, 색깔을 가지는 분말 형태로서, 염료처럼 물이나 용제에 녹지 않으며 입자 상태로 분산되며, 방청안료, 체질안료, 착색안료로 구분된다.

(a) 무기안료

(b) 유기안료

그림 1-5 **안료(Pigment)**

안료는 산화 부식(녹)을 방지하는 성질을 가지고 있는 것을 방청안료라 하며 프라이머, 에폭시 등 방청도료에 포함되고, 체질안료는 움푹 패인 속을 메우는 안료로 퍼티 서페이서류에 포함되며, 색채나 광택을 만들어 내는 안료로 착색안료라 하며 상도도료에 포함된다.

(a) 메탈릭 베이스

(b) 반짝임이 강한 메탈릭

그림 1-6 **메탈릭 안료(Pigment)**

천연광물이나 금속을 원료로 한 안료를 무기안료라 하며, 석유계의 재료에서 합성된 안료를 유기안료라 한다. 또한 알루미늄 조각을 잘게 부수어 반짝이는 은색과 금속성 착색을 위한 메탈릭 안료가 있으며, 운모의 작은 조각에 산화티탄을 코팅한 것으로 펄 안료가 있다.

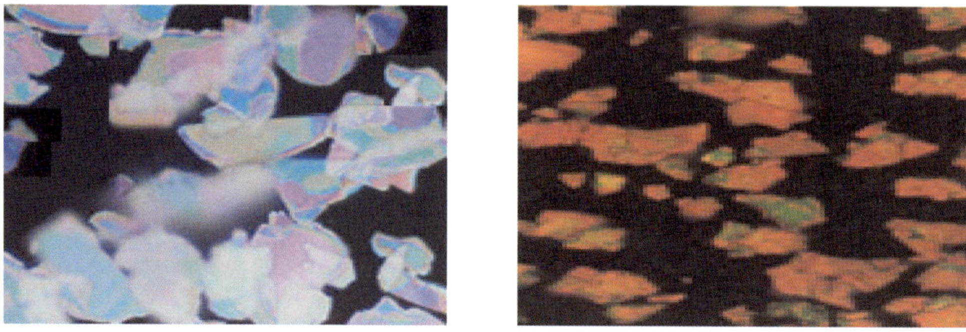

(a) 펄 안료　　　(b) 착색 펄

그림 1-7 펄 안료(Pigment)

### 3.2.3 용제(Solvent)

수지를 녹이는 성분으로 안료 분말과 수지가 잘 섞이도록 하는 투명 액체이며, 알코올류, 에스테르류, 에테르류, 케톤류, 하이드로카본류 등이 있다. 도장 후 도막이 형성하는 과정에서 용제는 증발하여 수지와 안료가 남아 도막이 형성된다. 스프레이 작업을 할 때 도료(안료+수지+시너)를 희석시켜 패널에 적당한 도막(얇은 도장막)이 형성되도록 점도를 조정한다. 용제는 진용제(단독으로 용질을 용해하는 성질이 있는 것), 조용제(단독으로 용질을 용해하지 못하고, 진용제와 병용하여 사용하여 용해를 나타내는 것), 희석제(진용제를 혼합해도 용해능력이 없고 단지 점도를 조절하는 역할만 할 수 있는 것)로 나눌 수 있다.

| | | |
|---|---|---|
| 일반적 분류 | 주용제 | 단독으로 용질을 용해하는 성질이 있는 것 |
| | 보조용제 | 단독으로 용질을 용해하지 않으나, 다른 용제와 병용하면 용해력을 나타내는 것 |
| | 희석제 | 용질에 대한 용해력은 없으나. 용액에 가하더라도 일정량까지는 용질의 분리, 침전 등이 일어나지 않는 것 |
| 증발속도에 따른 분류 | 저비점용제 | 비등점 100℃ 이하<br>예) Acetone, MEK, Methyl Alcohol |
| | 중비점용제 | 비등점 100~140℃<br>예) Toluene, Xylene, Butyl Alcohol, |
| | 고비점용제 | 비등점 150℃ 이상<br>예) Hydro Carbon(석유계), Butyl Cellosolve |

### 3.2.4 기타 성분(첨가제)

도료를 제조, 저장, 도장, 건조, 건조 후 내구력을 지속시킬 때까지 각각의 단계에서 도료의 필요한 기능을 충분한 효과를 발휘할 수 있도록 첨가되는 물질로 안료가 도료 중에서 수지와 분리되지 않도록 하는 안정제, 보존성을 좋게 하는 약품, 도막이 된 다음의 성능을 향상시키는 성분 등이 포함되어 있다.

#### [1] 가소제

도막에 유연성과 노화를 방지시켜 내구성을 향상시킨다.

#### [2] 건조제

Dryer라고 하며 산화 중합형 도료에 첨가하여 건조를 촉진시켜 준다.

#### [3] 분산제

안료와 수지가 분산이 잘되도록 하며 재 응집을 방지한다.

#### [4] 자외선 흡수제

햇빛에 노출시 자외선을 차단하여 변색을 막아준다.

#### [5] 색 분리 방지제

여러 안료가 혼합시 안료가 분리현상을 방지시켜 준다.

#### [6] 침강 방지제

안료가 침전을 방지하여 도료의 저장성을 향상시킨다.

[도료용 첨가제의 용도별 종류]

| 첨가제 용도 | 첨가제의 종류 |
| --- | --- |
| 도료 제조 | 습윤제, 분산제, 증점제, 커플링제 |
| 도료 저장 | 침강방지제, 피막방지제, 중합금지제 |
| 도장 기능 | 소포제, 칙소제, 정전 도장성 개량제 |
| 도막 형성 | 흐름 방지제, 색분리 방지제, 평활제, 소포제, 경화촉진제 |
| 도막 형성 후 기능 | 가소제, 점착 방지제, 자외선흡수제, 무광제, 방부제, 난연제, 대전 방지제, 곰팡이 방지제, 방청제 등 |

## 3.3 경화와 건조

도료는 용제(솔벤트)가 증발함으로써 액체 상태에서 고체 도막으로 변화한다. 이때 수지에 변화가 없는 것도 있으나 대부분은 건조 전과 후에 구조(경화)가 달라진다. 건조 경화 방식의 차이로 도료를 분류하는 다음과 같다.

[신차 도막과 보수 도막의 비교]

| 구 분 | 신차 도막 | 보수도장 도막 | 비고 |
| --- | --- | --- | --- |
| 수지성분 | 아크릴 멜라닌 | 폴리우레탄 | |
| 건조온도 | 120~150℃*30분 | 60~80℃*30분 | |
| 건조형태 | 가열건조 | 자연(강제)건조 | |
| 메탈릭 배열 | 균일배열 | 배열 불규칙 | |
| 도장 방법 | 정전도장 | 에어 스프레이건 | |

### 3.3.1 용제 증발형(1k)

용제와 시너가 증발하면서 도막을 형성하며 건조된 도막은 시너에 쉽게 녹으며 랙커계 도료가 여기에 해당된다. 기후에 대한 저항력이 약하나 빠른 건조성과 편리한 작업성이 장점이다.

경화 전·후에 수지의 구조는 변화하지 않으며, 래커란 좁은 의미로는 니트로 셀롤로

우스(NC)를 주재료로 한 1액(1K)형 도료라 하며 용제 증발형 도료, 넓은 의미에서는 아크릴 등을 수지에 사용하는 도료도 포함한 1액형 용제 증발형 도료의 총칭이다. 안료는 도료에 혼합되어 분말(powder)로 도막 속에 존재하며 도료 안에 혼합된 수지는 건조 후 딱딱한 고체로 변하(경화)면서 도막을 형성한다. 일반적으로 1액형 도료는 색상 도료인 베이스 도료, 랙커계 도료, 1액형 서페이서, 방청 도료 등이 있다.

### 3.3.2 반응 건조형(2k)

수지가 경화제와 화학반응에 의해 경화하는 도료로서, 2액(2K)형 도료의 대부분은 반응형이며, 건조된 도막은 용제에 쉽게 녹지 않으며 밀집된 그물구조 도막일수록 용제와 기후에 대한 강한 저항성을 갖는다.

화학반응에 의해서 자연적으로 건조되어 도막이 형성되며, 화학반응을 활발하게 진행시키기 위하여, 단시간에 도막을 만들기 위하여, 가열하여 건조하는 강제건조공정으로 건조작업 시간을 단축시킬 수 있다. 보수용의 우레탄 도료, 판금 퍼티, 폴리퍼티가 여기에 해당하며, 우레탄 도료는 아크릴 또는 폴리에스테르 수지를 주성분으로 우레탄 반응이라고 하는 화학반응으로 경화하여 건조되는 도료이다.

판금 퍼티 같은 2액형 타입 도료는 반응속도는 상당히 빠르고 단시간에 경화 건조된다.

### 3.3.3 소부 건조형

고온으로 가열하여 수지의 구조를 변화시켜 경화하는 열경화성 도료이다. 열을 가하지 않으면 도막이 되지 않는다(굳지 않는다). 신차 공정에서 사용되는 대부분의 이 종류의 도료가 사용되고 있다.

### 3.3.4 산화 중합형

일반 페인트라고 불리는 도료이며, 공기 중의 산소와 반응하여 경화한다(에나멜). 차량 도장 공정에서 일반적으로 채택하지 않는다.

# 4 도료의 생산 공정

**학습목표** 도료의 생산 공정을 알 수 있다.

## 4.1 예비 분산

예비 분산은 도료에 필요 재료를 준비하고 첨가제, 수지, 용제로 안료를 습윤시키는 공정으로 이루어지며, 큰 덩어리 안료를 분쇄시키고 안료와 수지와 용제의 비율은 상대적으로 안료 비율이 높다.

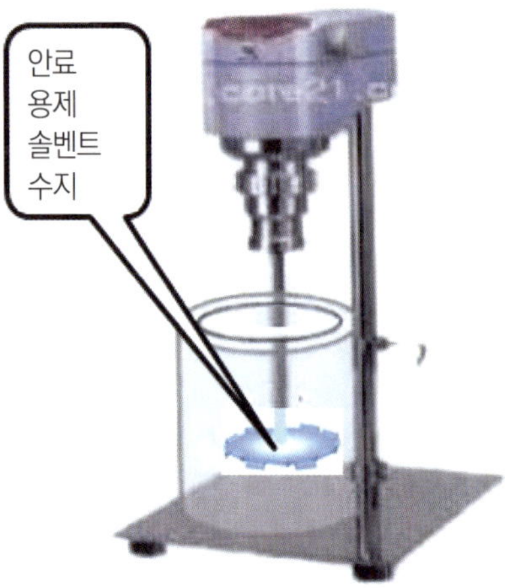


그림 1-8 예비 분산

## 4.2 분산

도료의 입자를 분쇄하여 미립화하는 공정으로 안료 덩어리를 근원적으로 입자형태로 쪼개어 미립화시켜 입자들이 재 응집을 방지하기 위해 첨가제(응집방지제)를 혼합하여 안정화시키며, 안료를 분사시키는 Millbase(비드 분산기)는 안료의 분산 효율을 높이기 위하여 작업시 점도 조정 및 온도 관리 운영 등이 중요하다.

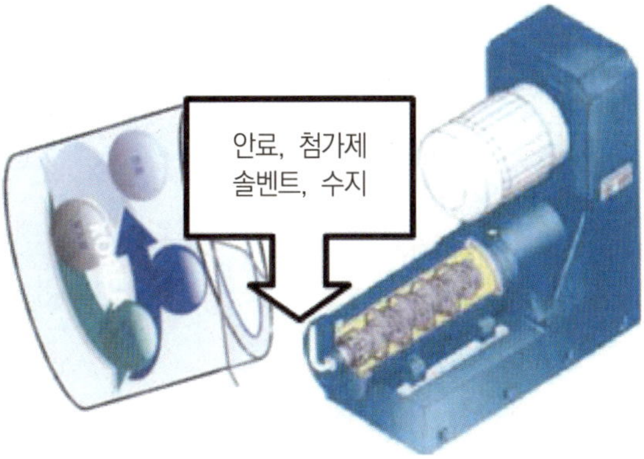


그림 1-9 비드 분산기(Millbase)

수직 또는 수평으로 고정되어 있는 실린더 안에 여러 개의 평평한 디스크를 가지고 있는 금속 축이 고속으로 회전하면서 안료 등 도료를 분쇄시킨다.
실린더 안에 질리코움 또는 세라믹 볼 등(2mm)이 들어있으며, 필요한 분산은 1pass 이상 또는 millbase를 통하여 계속적으로 순환되는 방식으로 미립화시킨다.

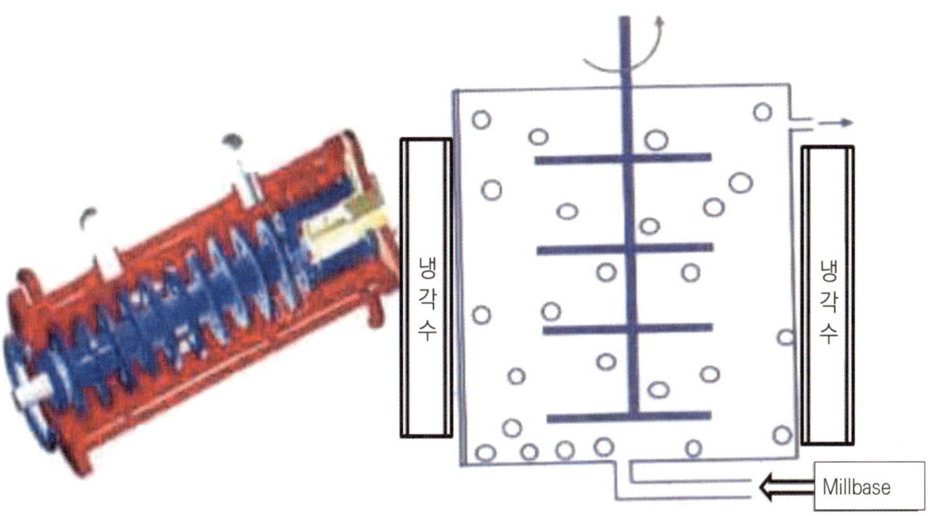


그림 1-10 분산 원리

분산 공정시 발생하는 열은 냉각수로 강제냉각을 시키며, 냉각성능에 따라 분산속도가 결정되며, 고마력 분산기는 빠른 분산시간을 얻기 위하여 효율적인 냉각기능을 가지고 있다.

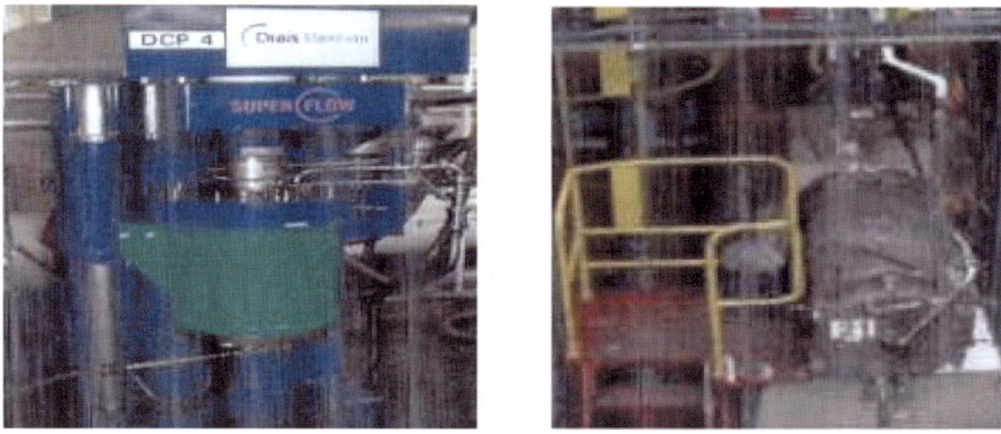


(a) (b)

그림 1-11 분산 장비

## 4.3 혼합 및 조합

도료에 필요한 추가 재료를 혼합하고 조합하는 공정으로 혼합순서와 조합공정에 따라 도료의 품질이 좌우되며, 만약 잘못된 혼합공정은 안료의 재 응집과 도료의 응고 원인이 된다.

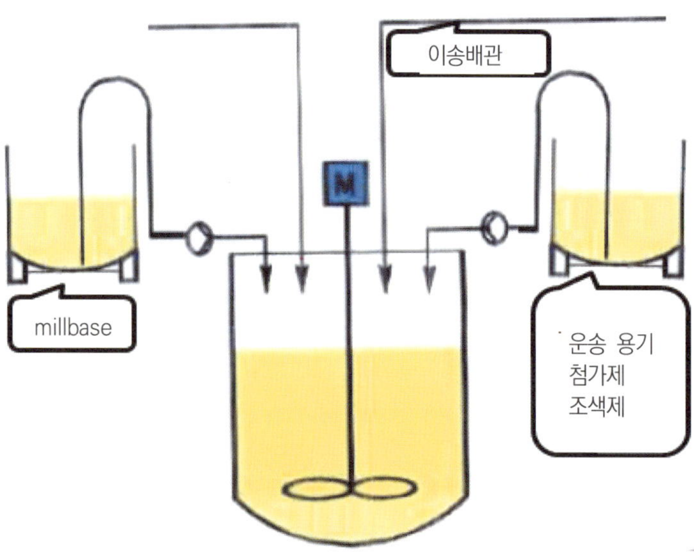


그림 1-12 혼합 및 조합

## 4.4 검사

포장하기 전 제품의 특성을 검사하는 공정으로 도료의 물성(입도, 색상, 광택, 점도, 이물질, 고형분, 비중, 건조성, 부착성, impact 검사 등)에 대한 검사와 검증하여 최종 제품으로 포장 여부를 결정한다.

① 입도는 도료 분말 등의 작은 알갱이 하나하나의 평균지름이나 대표 지름으로 입도측정기를 이용하여 측정할 수 있다. 도료의 입도가 작을수록 안료의 색이 밝아지며 적당한 입도를 가지기 위해 분산장비를 통하여 작은 알갱이로 만들어진다.

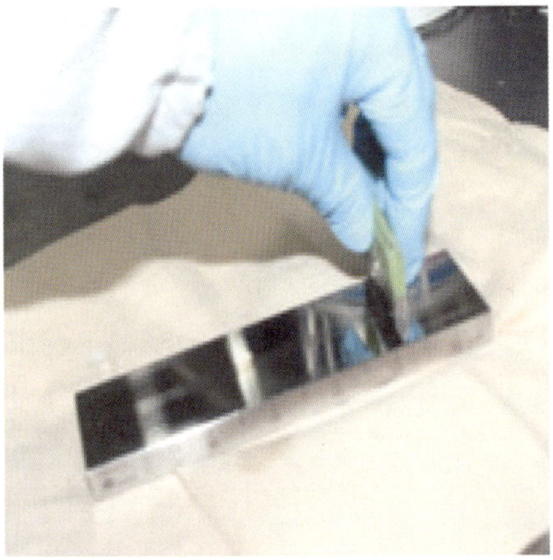

(a)

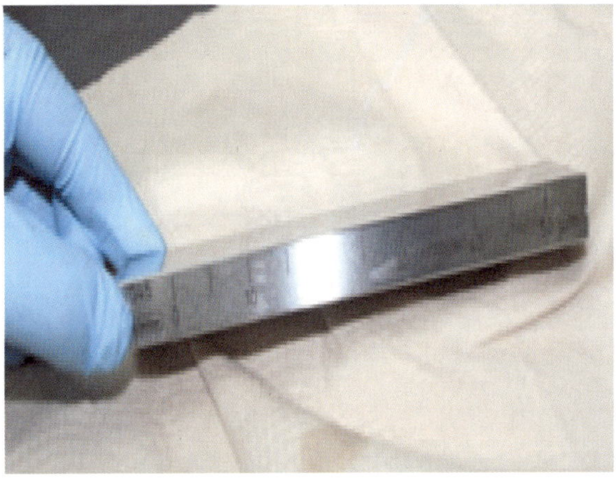

(b)

그림 1-13 입도 측정기

입도 측정 방법은 측정기에 적당한 점도를 가진 도료액을 몇 방울 떨어 뜨려놓고, 입도 측정기의 도료를 긁어내려 측정하며, 측정 편차를 줄이기 위해 여러 번 반복하여 정확한 입도를 측정한다.

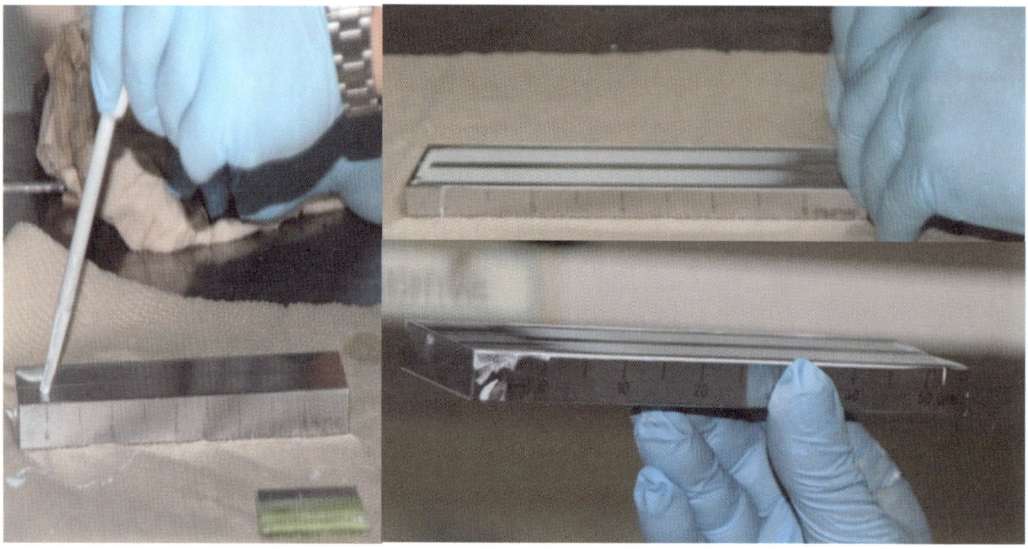

그림 1-14 입도 측정

② 고형분은 용액 또는 디스퍼전에 있어서 용질 또는 고형물이며, 전 질량에 대한 질량비나 백분율로 나타낸다. 즉 도료 구성분 중 비휘발성 물질의 중량비이며, 고형분이 높은 도료일수록 고가이며 품질이 우수하다. 즉 도막이 형성(건조)되기 전의 도료의 무게를 측정하고, 건조 후 무게를 측정하여 백분율로 환산하여 고형분을 측정한다. 도료의 비중 측정은 중요한 검사 중 한 가지이다.

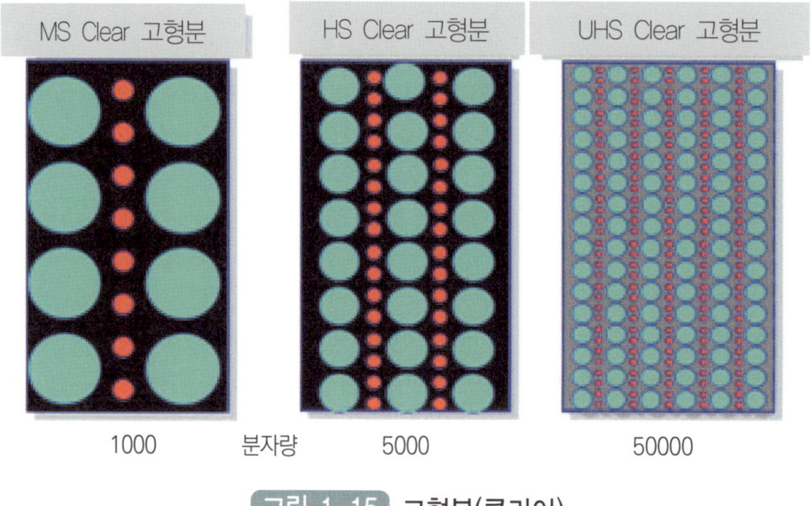


그림 1-15 고형분(클리어)

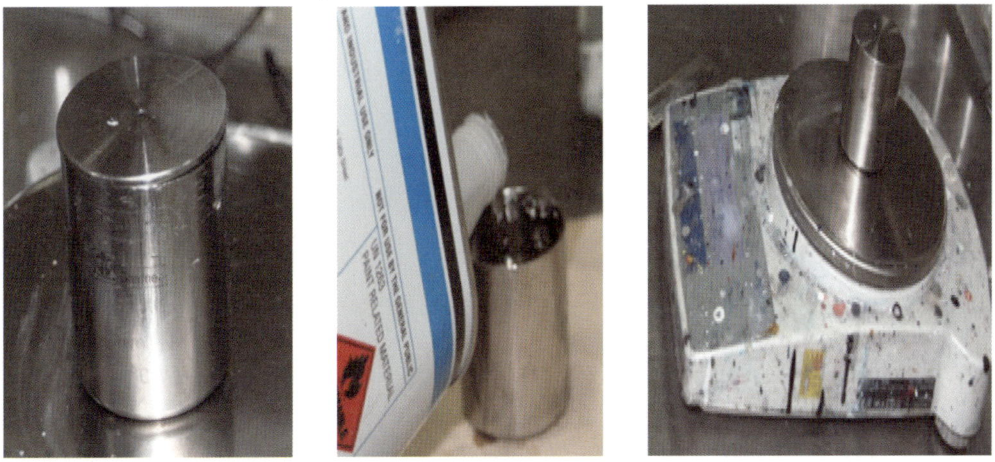

(a) (b) (c)

그림 1-16 비중계 및 비중측정

## 4.5 포장

규정된 절차에 따라 완료된 제품은 자동 및 반자동 포장기계를 이용하여 포장과 제품의 라벨을 부착하고, 기계화 파렛트 및 컨베이어를 이용하여 이송시킨다.

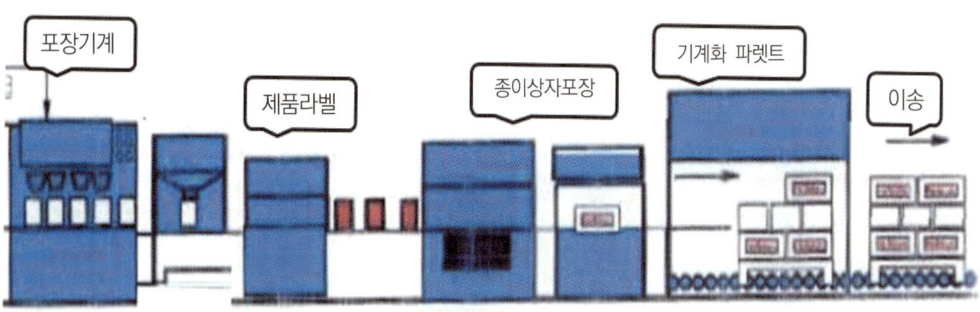


그림 1-17 포장장비

# 표면 처리

# 02

CHAPTER

02

# 표면 처리

**학습목표**

1. 탈지를 할 수 있다.
2. 패널에 따라 박리 작업을 할 수 있다.
3. 다단 낮추기를 할 수 있다.

도장 목적은 제품의 녹을 방지하고, 내구성을 향상시키고, 미관을 아름답게 하며, 제품의 상품가치를 높이는 데에 있다. 또한 광택이 전혀 없는 무광 만들기도 하며, 이러한 목적을 달성하기 위해서는 알맞은 도장과정에 앞서서 패널의 표면 처리가 필요하다. 차량 패널면은 매연, 먼지, 산성비, 티, 물 등으로 혼합된 이물질들이 차량 표면에 부착되며, 도장 전에 이러한 오물물을 완전하게 제거하지 않고 도장하게 되면, 도료와 자동차 패널의 부착력이 약화되고 도막이 부풀어 올라 도막결함이 야기되고 균열과 함께 녹이 발생된다.

도료의 점착성과 도막결함을 방지하기 위해서는 자동차 도장 전에 패널표면에 묻은 오염물질과 유분을 제거하고, 도장패널의 표면 처리 작업을 해야 하며, 이것을 바탕 조성 작업이라 한다. 도막에 묻은 다양한 유분과 녹 등을 제거하고 제품에 도료가 점착성을 향상시켜 주는 공정을 소지공정 또는 탈지처리라 하며, 신차를 생산하는 도장공정은 탈지, 탈청 및 화성피막처리 공정으로, 전(前)처리공정이라 한다.
보수도장은 작업범위에 따라 차량의 형태와 부위가 다양하며 탈지 작업, 구도막 박리 작업 및 단 낮추기 작업까지를 바탕조정 작업으로 포함한다.

## 1 탈지 작업

**학습목표** 탈지를 할 수 있다.

탈지 작업은 표면에 묻어 있는 수분이나 유분 등을 포함한 각종 불순물을 제거하는 공정으로 도장 품질과 도장결함 발생을 방지하기 위한 중요한 작업이다. 자동차 운행 중 사고, 충돌, 부식 등으로 수리를 위한 차량은 각종 오물이 차량의 휠, 엔진룸, 패널과 패널 사이에 존재한다.
특히 수용성 도장의 탈지 작업은 도장 면의 오염 물질(기름, 먼지, 찌꺼기 등)을 제거하여 도료의 부착성을 높이고 도장 품질을 향상시키는 작업이며, 도장 전 필수적으로 이루어지며, 철저한 표면 세정을 통해 도막 결함 발생을 방지한다.
작업부위를 깨끗하게 세정하는 것은 매우 중요하며, 수리 작업은 손상 범위가 가벼울 경우 판금 후 도장 작업을 하며, 손상 정도가 심할 경우 고객의 요구에 따라 신품 패널로 교환하여 작업한다.
또한, 자동차를 운행하는 중에 묻은 각종 오염물은 물에 녹아 제거되는 것과 물에 녹지 않고 탈지제에 녹아 제거되는 것으로 구분할 수 있다. 물에 녹는 수용성 오염물은 비눗물이나 유화제를 이용하여 제거하며 먼지, 지문자국, 매연, 소금성분, 송진 및 그을음 등이 있다. 탈지제에 녹는 오염물은 타르, 오일성분, 광택제, 그리스, 실리콘 및 왁스 등이 있다.

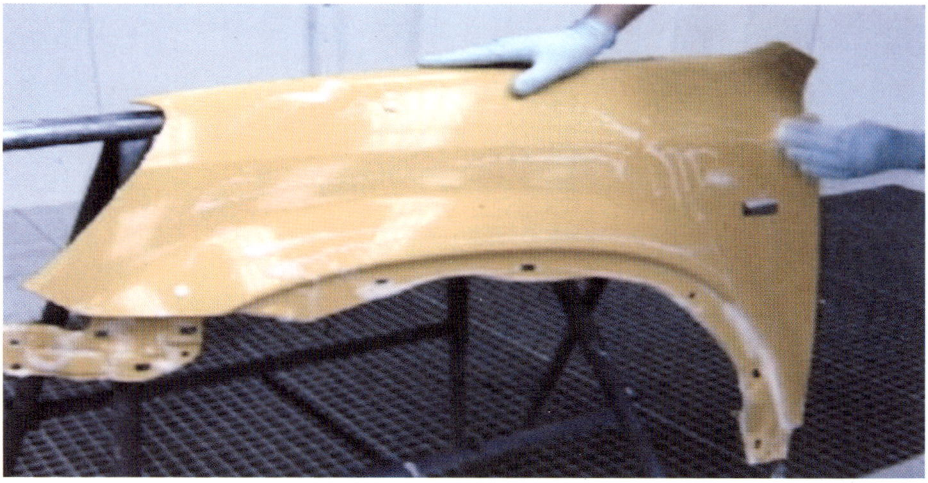

그림 2-1 비눗물 세척작업

## 1.1 탈지 필요성

### [1] 도료 부착성 향상

오염 물질이 제거된 표면은 도료와 더 잘 결합되어 도막의 접착력을 높여준다.

### [2] 도막 결함 방지

오염 물질은 도장 후 들뜸, 갈라짐, 부풀음 등의 결함을 유발할 수 있으며, 탈지 작업은 이러한 결함 발생을 예방한다. 특히 수용성 도장 작업의 탈지 방법과 작업은 매우 중요하다.

### [3] 도장 품질 향상

깨끗한 표면에 도장 작업 시 도료의 색상, 광택, 질감 등을 균일하게 유지되어 도장 품질을 향상시킬 수 있다.

## 1.2 탈지방법

### [1] 안전 보호구를 사용한다.

내용제성 장갑과 유기용제용 마스크 등 안전 보호구를 착용한다.

### [2] 종이 타월을 준비한다(2장).

① 1장은 탈지제를 묻히는데 사용하고 나머지 1장은 닦는데 사용한다.

② 한쪽 손에는 탈지제를 묻힌 종이 타월을 나머지 종이 타월은 깨끗한 상태로 유지한다.

(a)

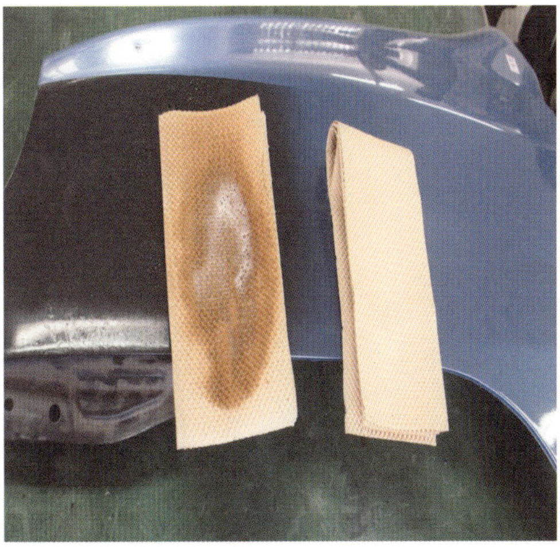

(b)

그림 2-2 탈지제와 종이타월

### [3] 젖은 종이 타월로 도장면 전체를 깨끗하게 닦는다.

탈지제를 묻힌 종이 타월로 패널 전체를 한쪽 방향으로 골고루 닦는다.

### [4] 마른 종이 타월로 탈지제가 증발하기 전에 깨끗하게 닦는다.

탈지제가 증발하기 전 깨끗한 종이 타월로 탈지제에 녹아있는 각종 이물질을 깨끗하게 제거될 때까지 닦아낸다. 탈지제가 패널 표면에 남아있을 경우, 이물질 및 유분 등이 도막결함을 발생시키므로 깨끗한 타월로 닦아낸다.

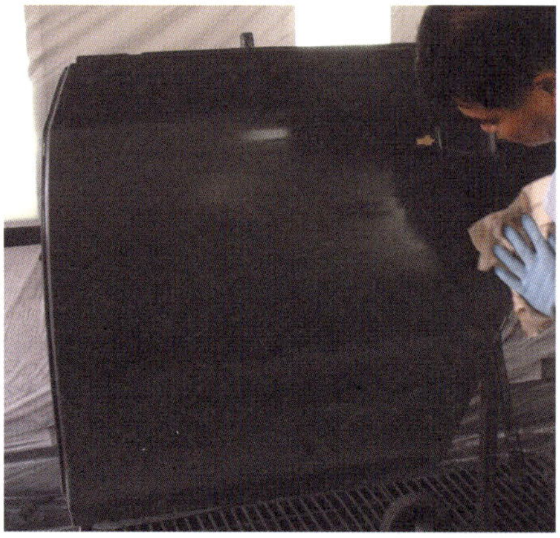

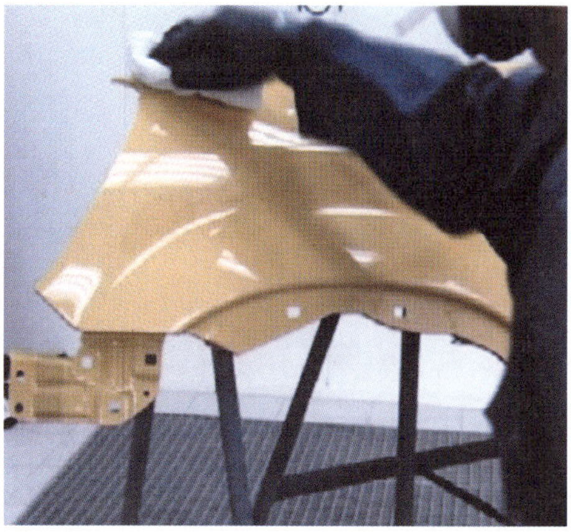

그림 2-3 탈지제에 의한 탈지 작업

## 1.3 탈지 작업 시 주의사항

### [1] 작업 환경

탈지 작업은 먼지가 없는 깨끗한 환경에서 진행해야 한다.

### [2] 탈지제 선택

소재 및 오염 물질의 종류에 따라 적절한 탈지제를 선택해야 한다.

### [3] 작업 순서

탈지 작업은 도장 전 모든 단계에서 이루어져야 하며, 각 단계별로 오염 물질을 제거해야 한다.

### [4] 안전

탈지 작업 시에는 환기시설이 갖추어진 장소에서 실시하며, 안전 장갑, 마스크 등을 착용하여 유해 물질로부터 주의하며 작업한다.

## 2 패널상태 확인 및 박리

**학습목표** 패널에 따라 박리 작업을 할 수 있다.

### 2.1 패널의 손상부위 확인 작업

#### 2.1.1 육안으로 확인하기

육안 확인법이란 표현 그대로 손상 부위를 눈으로 보고 판단하는 방법으로 형광등 빛이나 태양빛 등의 패널에 빛이 반사되는 선상에서 손상위치, 손상크기, 손상진행 방향을 확인하고 수성펜 등을 이용하여 손상 부위를 마킹한다.

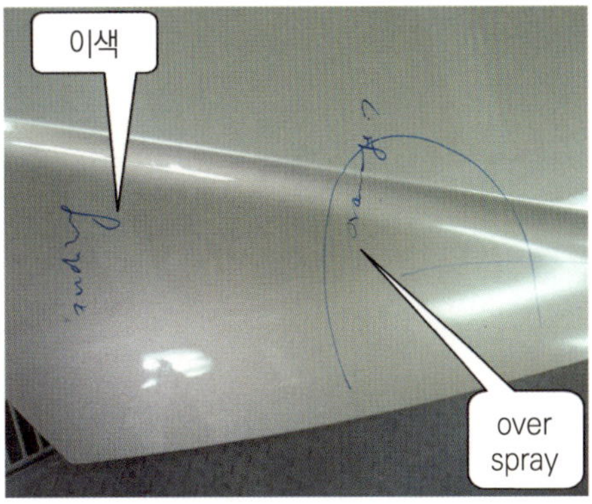


그림 2-4 손상 정도를 육안으로 확인 및 마킹하기

**[1] 탈지 작업을 실시한다.**

패널을 깨끗한 상태로 유지한다. 패널이 오염되어 있는 경우, 손상범위, 변형정도, 변형방향 등 정확하게 찾아내기 어렵기 때문에 손상부위 확인 작업에 앞서 세차 및 세정 작업을 실시한다.

### [2] 빛을 이용하여 패널의 끝단에서부터 스캔한다.

형광등 빛 등을 이용하여 패널 끝에서 끝으로 빛이 반사되는 선상에서 이동하며 스캐닝하는 것과 같이 패널에 발생된 손상부위를 찾아낸다. 손상부위를 발견할 때에는 색연필 또는 수성펜을 이용하여 마킹을 해 둔다.

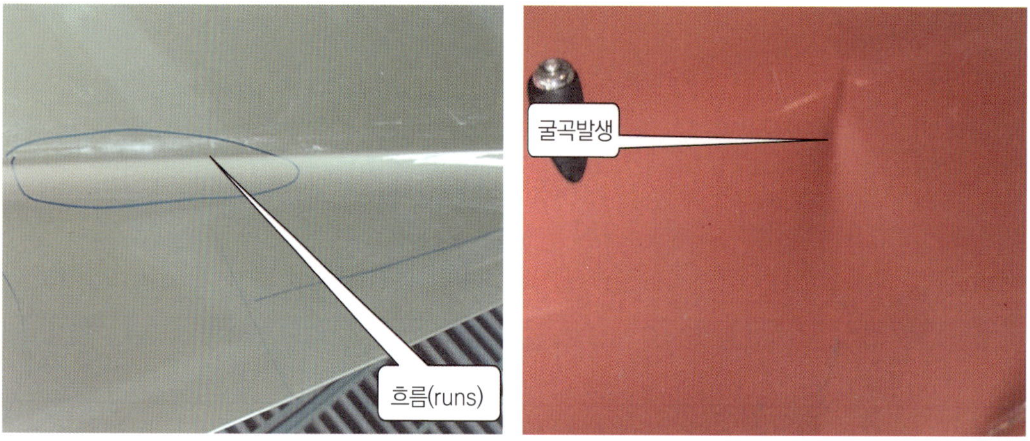


(a) (b)

그림 2-5 패널의 상태를 마킹한다.

## 2.1.2 감촉으로 확인하기

손의 촉감을 이용하는 방법으로 손상 부위를 찾는 확인법이다. 눈과 빛을 이용한 손상 확인법이 손상부위가 넓게 진행된 손상을 찾는 것이라면 손의 촉감으로는 스크래치 등 아주 작은 미세손상까지 찾을 수 있는 확인법이다. 특히, 눈으로 발견하기 어려운 미세 스폿(spot) 등의 손상까지 손의 감촉으로 느껴지는 미세한 차이를 찾아내야 하기 때문에 많은 훈련과 노하우가 필요하다.

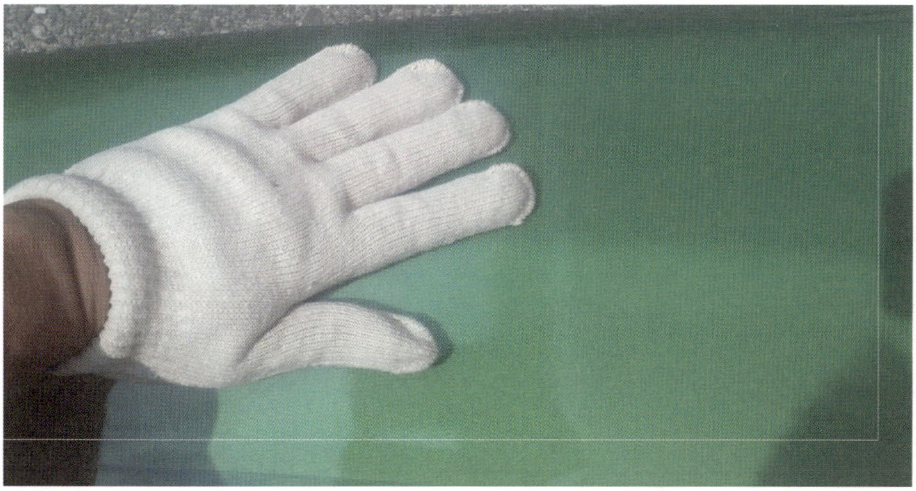

그림 2-6 촉감으로 손상부위 확인하기

패널과 손바닥이 미끄러지듯 부드럽게 움직이면서 미세한 손상을 찾기 쉬우며, 맨손으로 감지하지 않고 면장갑을 끼거나 가루(가이드코트)를 묻혀 미세손상부위를 찾는 방법이 효과적이며, 미세굴곡과 미세한 스크레치는 육안확인 방법보다 촉감으로 손상 부위를 확인하는 방법이 더 정확하다.

[1] 면장갑을 착용한다.

패널표면은 먼지가 없는 깨끗한 상태로 맨손바닥으로 패널을 만질 경우 손바닥의 유분성분이 패널에 스며들며, 부드럽게 미끄러지지 않고, 패널의 미세손상부위를 정확하게 감지해 내기 어렵다. 그러므로 부드러운 면장갑을 끼고 감지하는 것이 미세한 손상을 찾아내기가 용이하다.

[2] 손바닥 감각을 이용하여 손상부위를 감지한다.

손바닥을 패널에 가볍게 이동시키며 굵은 굴곡과 미세한 굴곡을 찾아낸다.

### 2.1.3 눈금자를 이용하여 확인하기

눈금자 확인법이란 철자나 플라스틱자를 이용하여 손상이 예상되는 부분과 없는 부분을 빛에 반사되는 부분에 접촉시켜 손상이 어느 정도인지를 파악하는 것이다.

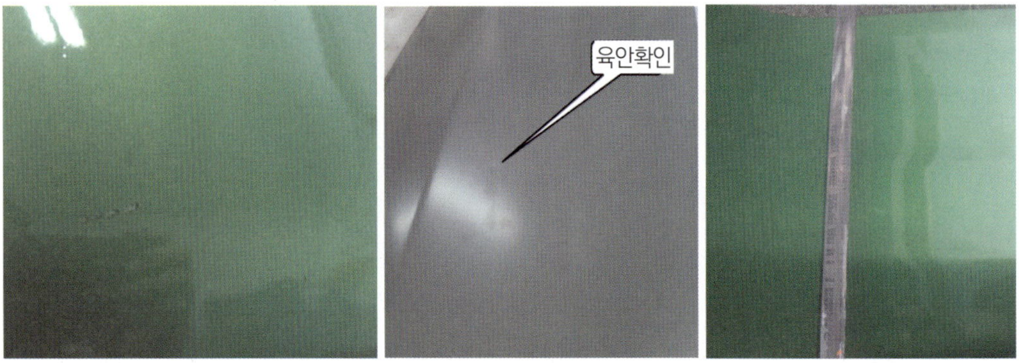


(a) (b) (c)

그림 2-7 육안확인 및 눈금자를 이용한 손상 파악

### [1] 손상부위에 자를 대어 파악한다.

손상부위를 중심으로 철자 또는 플라스틱자를 접촉시켜, 손상범위와 손상깊이, 또한 손상으로 인한 굴곡이 발생되어 있는지 파악한다.

### [2] 손상정도를 기록한다.

손상의 범위와 굴곡정도를 기록한다. 오목 볼록한 손상 형태와 크기를 기록하여 공정에 도움이 될 정보를 수집한다.

## 2.2 구도막 박리 작업

구도막 박리(제거)작업은 도막이 노화되어 벗겨지거나 크랙(Crack 갈라짐)이 발생하거나, 도장공정 중 초킹(Choking 도막이 묻는)현상이 발생하는 것을 방지하기 위하여 구도막을 제거하고, 도장품질을 향상시키기 위한 공정이다.
구도막에 크랙이 있는 상태는 재 도장할 경우 패널 표면의 조성과 레벨 링(수평)이 불량하여 도장걸힘이 발생하고, 보수도장 후 재 크랙이 발생하므로 구도막을 세서해야 한다. 구도막 박리 작업시 도료가 묻는 현상인 초킹 검사를 하여 재도장시 도장결함인 부풀음, 크레터링(분화구 모양), 필링(벗겨짐) 등의 도장결함 현상을 방지하기 위하여 박리 작업을 해야 한다.

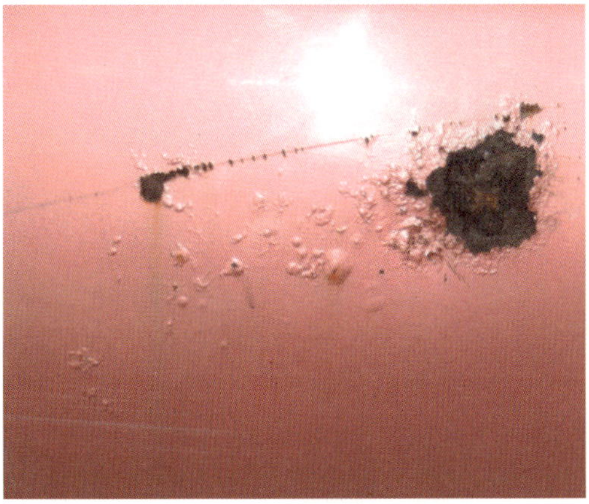

(a)

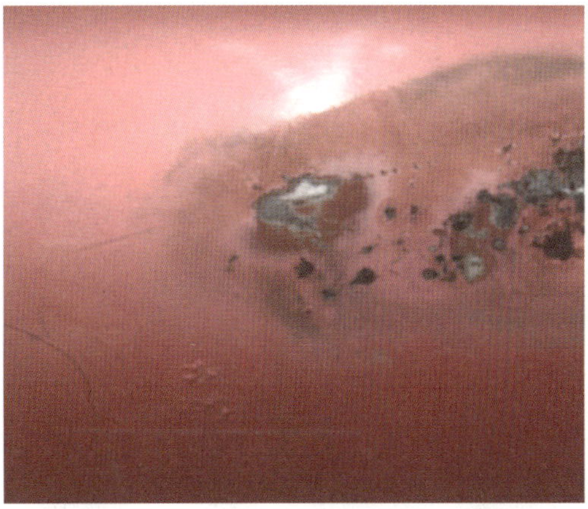

(b)

그림 2-8 패널의 구도막 부식 및 노화

박리 작업은 재도장시 도막결함이 발생될 우려가 있는 부분에 필수로 실시하며 구도막 상태에 따라 박리공정을 결정한다. 박리공정은 그라인더 및 디스크샌더와 같은 기계식 샌더를 이용하는 방법과 페인트 제거제(리무버 : Remover)를 이용한 화학적 방법이 있다.

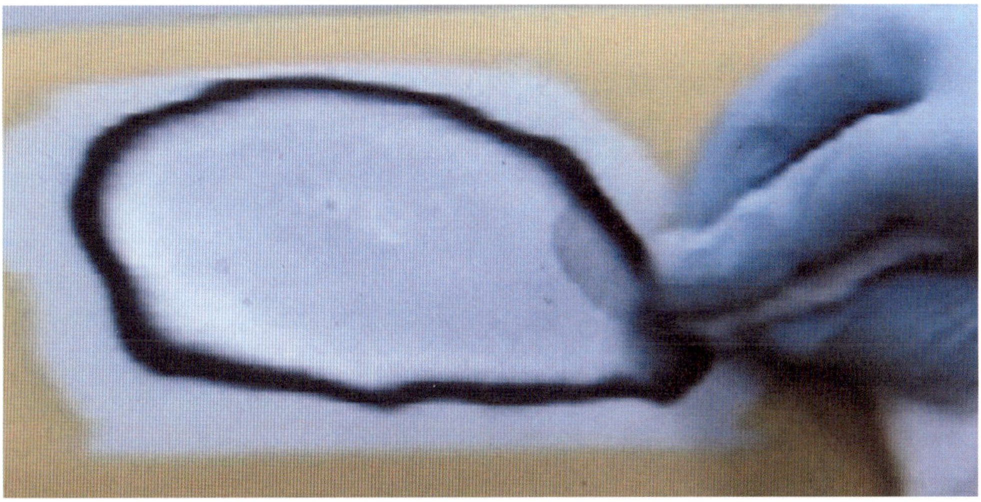

그림 2-9 시너 반응검사

## 2.2.1 연마에 의한 구도막 제거방법

핸드 파일(hand file)이란 수공구를 사용하는 수 연마(hand sanding)를 말하며, 손(手샌딩)으로 작업하는 방법과 기계식 샌더를 이용한 방법이 있다.

연마력이 큰 싱글액션 샌더(그라인더와 같은 일방향 회전)는 P36, P40과 같은 거친 연마지를 사용하며 패널 및 도막 상태에 따라 P80에서 P120을 사용하기도 한다. 범퍼 등 플라스틱 제품은 그것보다 좀 더 고운 연마지 P120에서 P180을 사용하며 플라스틱, 고무제품, 범퍼 부품의 상태 및 연마 부위에 따라 결정한다.

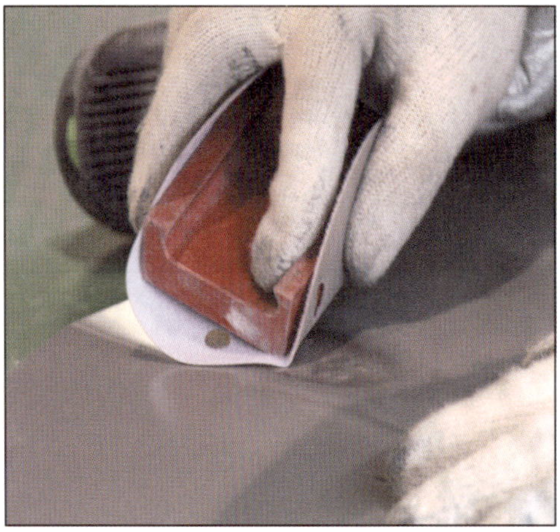

(a)

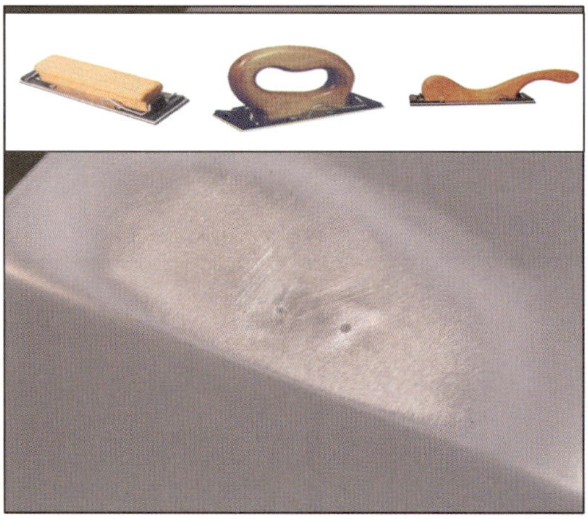

(b)

**그림 2-10 핸드 파일 및 수(hand) 샌딩 구도막 제거작업**

### [1] 샌더기에 연마지를 부착한다.

싱글액션 샌더(진동 및 회전)에 연마지(P40 또는 P80 정도)를 부착한다.

### [2] 샌더와 패널의 각도를 대략 5°~15° 정도를 유지하면서 샌딩(연마)한다.

샌더와 패널과의 각도를 유지하면서 깊은 홈을 만들지 않도록 한다. 또한 철판 면이 드러나지 않도록 연마하는 것이 좋으며 서페이서(하도 도장) 도막이 보일 때, 싱글 액션 샌더의 연마를 멈추고 더블액션 센디를 사용하여 P80~P180 연마지를 사용하여 잔여 도막을 제거한다.

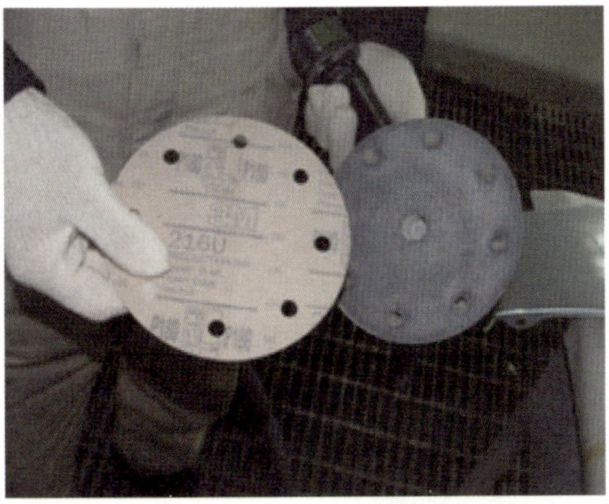 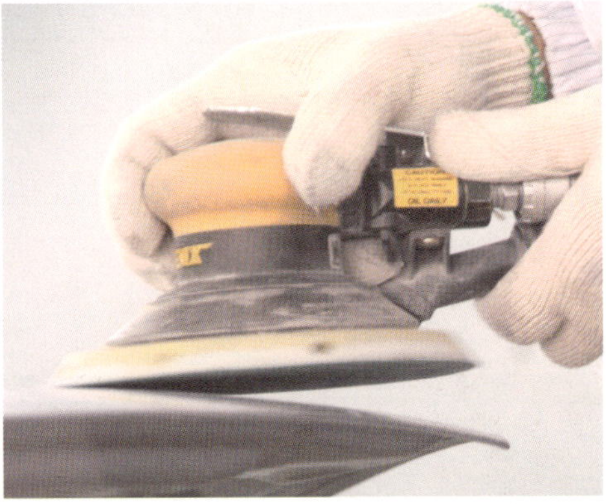

그림 2-11 샌더기를 이용한 구도막 제거

### 2.2.2 도막 리무버(Remover)에 의한 구도막 제거방법(화학적 제거법)

화학약품을 이용하여 구도막을 제거하는 방법으로 페인트 리무버(제거제)를 이용하여 도막을 제거한다.

#### [1] 구도막에 흠집을 낸다.

도막표면에 흠집을 만들어 리무버가 도막 사이에 스며들도록 거친 연마지(P40 또는 P80 정도)를 사용하여 연마한다. 리무버를 도포 후 10분 정도 지나면 페인트가 녹고 철판이 남는데, 이때 구도막과 리무버 액을 완전히 제거하고 세척과 탈지 작업을 해야 한다. 만약 조금이라도 리무버 성분이 존재한다면, 도장 작업시 리무버 성분 때문에 도막 결함이 발생된다.

그림 2-12 화학약품을 이용한 구도막 제거법(리무버 작업)

## [2] 리무버 이외 부분은 마스킹으로 패널을 보호한다.

리무버가 묻어서는 안 되는 곳은 종이나 비닐을 이용(마스킹 작업)하여 패널을 보호한다. 또한 리무버가 바닥으로 떨어지는 것을 방지하기 위해 바닥에 종이나 비닐을 준비하고 작업해야 한다.

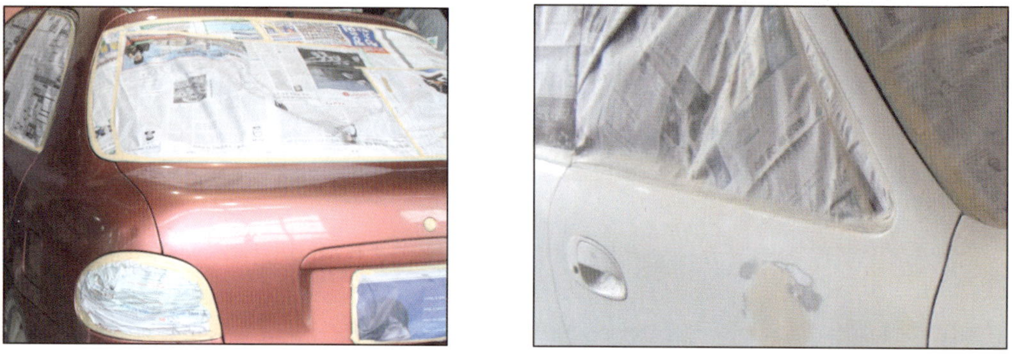

그림 2-13 마스킹 작업

## [3] 붓으로 도막 박리제(리무버)를 도포한다.

페인트 붓을 이용하여 도막 박리제를 구도막에 두껍게 도포 후 2~5분 정도 지나면 비닐로 덮어 리무버가 공기 중으로 증발하지 못하도록 하여 도막을 제거하는 것이 좋다.

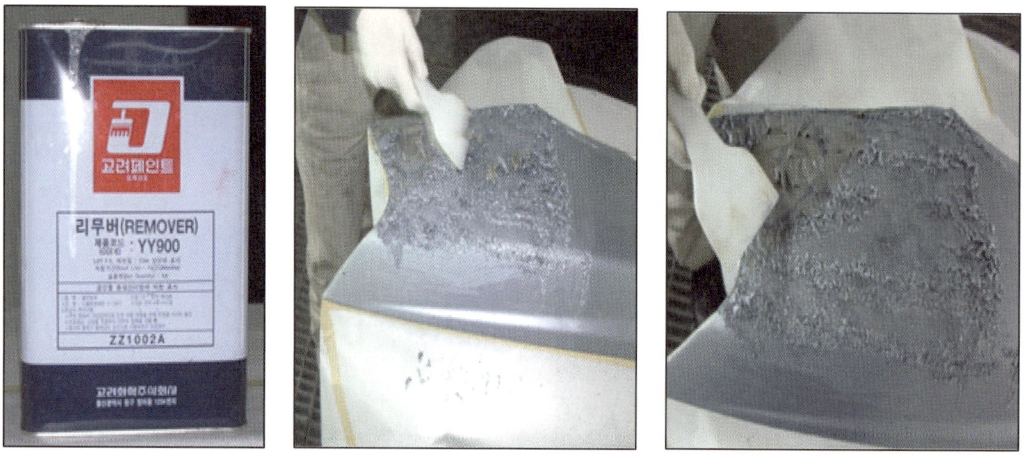


그림 2-14 도막 리무버(Remover)에 의한 방법(화학적 제거방법)

리무버 도포시 내용제성 장갑 및 방독마스크 그리고 보안경을 반드시 착용한 후 작업해야 하며 리무버를 도포한 후 20분 이상 방치하면 녹아버린 페인트가 다시 경화되어 제거하기 어렵다.

### [4] 플라스틱 스크레이퍼로 도막을 제거한다.

기포가 발생한 도장면의 페인트 제거 시 철제로 된 스크레이퍼보다는 퍼티 칼과 같은 플라스틱 제품을 사용하여 철판 손상을 방지하며 제거한다.

### [5] 녹아있는 페인트를 깨끗하게 제거한다.

리무버에 의해 녹아있는 잔여 페인트는 시너를 사용하여 깨끗하게 제거한 후 탈지제로 불순물을 완전하게 제거한다.

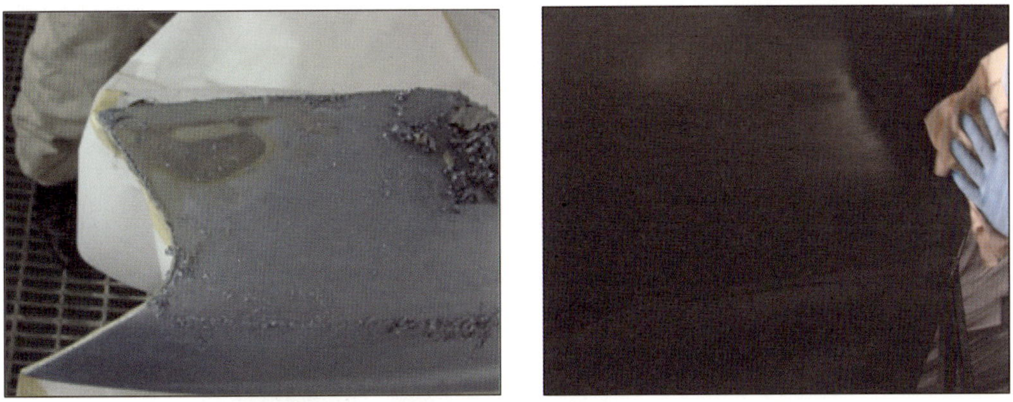

그림 2-15 리무버(Remover) 제거 및 탈지 작업

## 3 다단 낮추기

**학습목표** 다단 낮추기 작업을 할 수 있다.

단 낮추기 작업이란 자동차 보수 도장 작업에서 손상된 부분과 주변 도막 사이에 발생하는 단차를 없애고 평활하게 만드는 작업(테이퍼)으로 또한 후속공정에서 퍼티의 부착력을 향상시키고 프라이머 또는 서페이서 등의 도료와 부착력을 증진시키기 위해 계단모양의 턱을 없애고 테이퍼 형태(완만한 경사)로 단위 표면적을 넓게 만들어 주는 작업으로 턱(단)을 없애는 작업이라고도 한다.

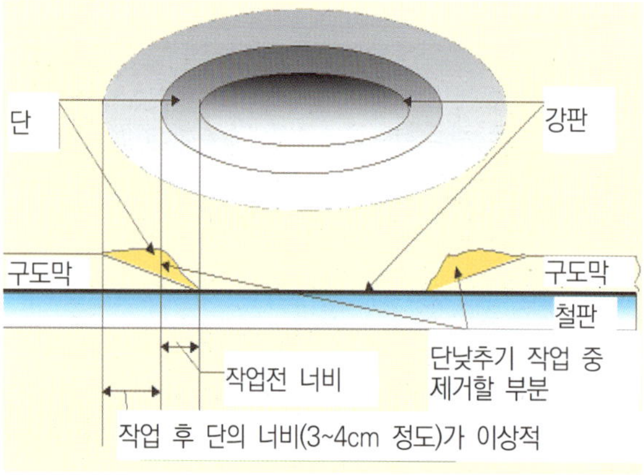


(a)

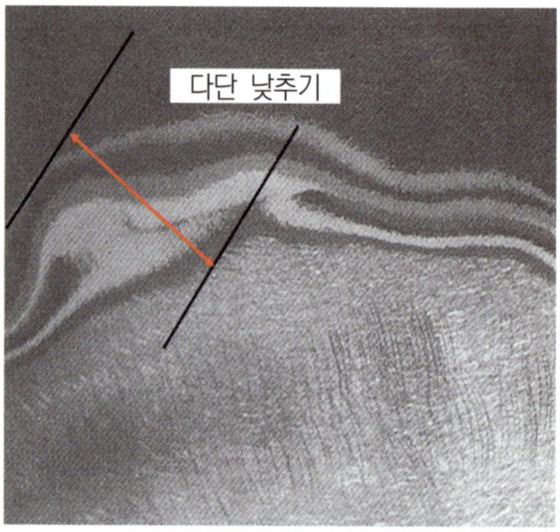


(b)

**그림 2-16 다단 낮추기 작업방법**

도막과 철판 경계부의 심한 턱을 제거하고 퍼티 도포 작업에서 퍼티의 부착력을 높이기 위하여 단을 낮추며 만약 단차 부위에 하도 도장 작업을 할 경우 공기 및 먼지의 유입으로 부착력이 떨어지며 도장결함(부풀음)으로 이어진다.

### [1] 손상부위 및 주변을 탈지한다.

손상부분 및 패널 전체를 탈지제로 깨끗하게 탈지한다.

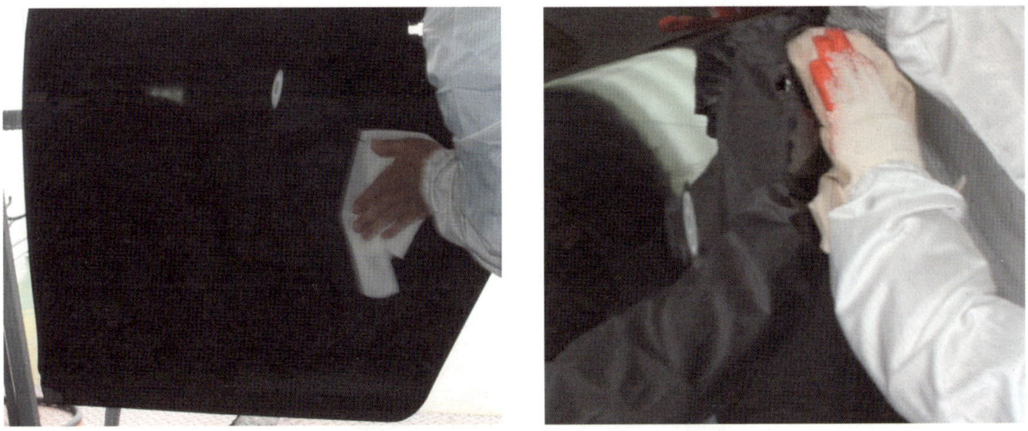

(a) (b)

**그림 2-17 손상부위 및 주변 탈지 작업**

### [2] 금속면과 구도막의 경계부위(턱)를 완만하게 연마한다.

손상부위는 더블액션 샌더(Double Action Sander) 연마지 P80~P180 부착하여 연마한다. 도막상태에 따라 P180~P320으로 마무리한다. 이렇게 단계별 연마지를 선택하여 손상부위와 구도막 경계부위 단차를 완만하게 연마한다.

단차의 너비는 넓을수록 좋으며, 신차도막일 경우 2cm 이상, 구도막의 경우는 3cm 이상으로 가능한 넓게 작업하는 것이 좋다. 턱을 낮추고자 할 때 초기에는 손상부위의 바깥쪽에서 안쪽으로 연마하고, 마무리 시(공정은) 샌더기와 패널의 접촉 압력을 낮추어 안쪽에서 바깥쪽으로 샌더기를 움직여 테이퍼 형태로 완만한 미세경사로 만들며 주변을 넓고 완만하게 연마하여 단차를 작업하는 것이 좋다.

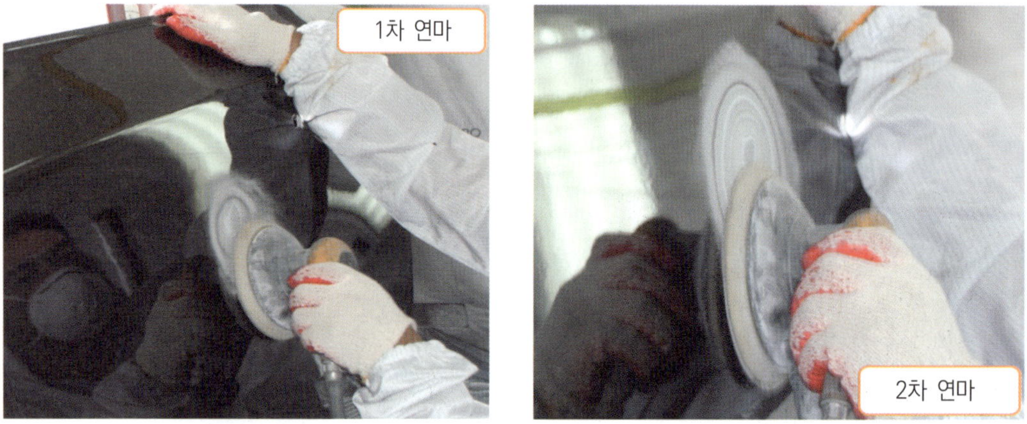


그림 2-18 구도막 제거 및 샌딩 작업(1차 #80, 2차 #180)

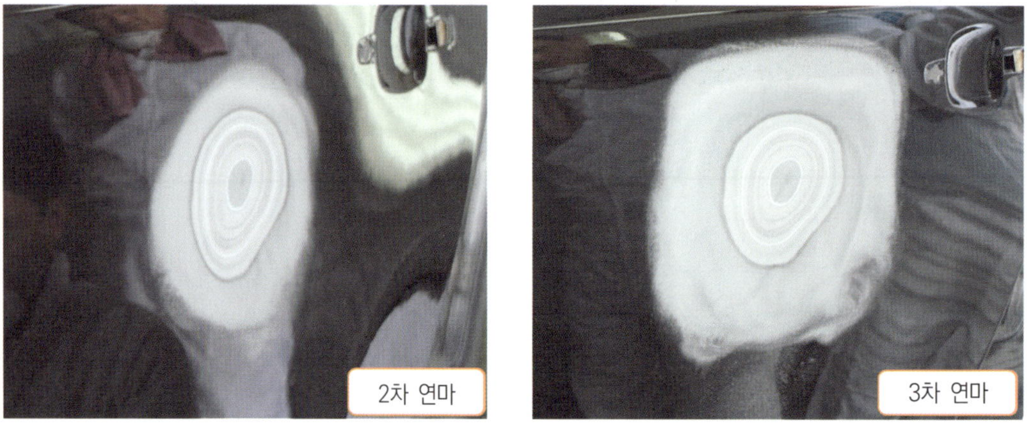


그림 2-19 구도막 제거 및 샌딩 작업(2차 #180, 3차 #240~320)

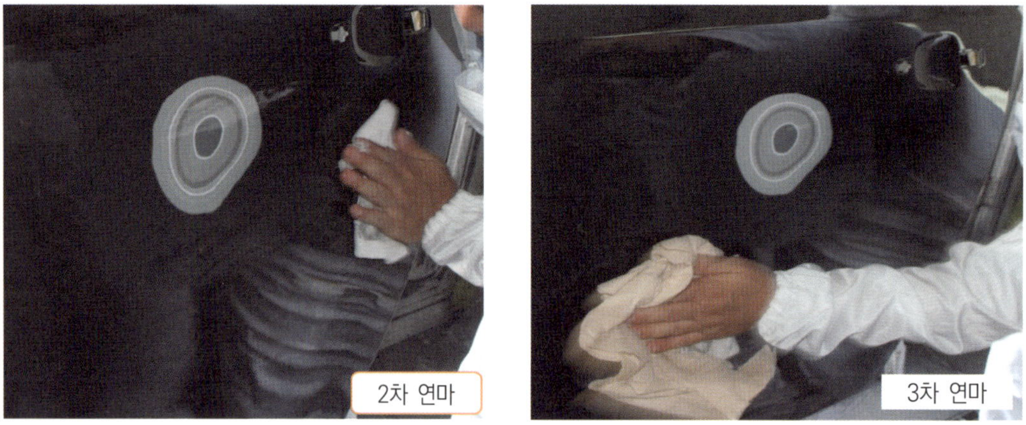


(a) (b)

그림 2-20 연마 후 탈지 작업

### [3] 에어 더스트 건으로 먼지를 제거한 후 탈지제로 깨끗하게 세정한다.

연마작업으로 발생된 분진 및 먼지를 에어 더스트 건으로 완전하게 제거한 후 탈지제로 표면에 묻은 유분과 이물질을 깨끗하게 제거한다. 다단 낮추기공정이 불량하면 퍼티자국, 연마자국 등이 발생한다.

### [4] 다단 낮추기 작업시 주의사항

단 낮추기 작업이 불량하면 연마 자국, 주름 현상, 퍼티 자국 등 도장 결함이 발생할 수 있다. 연마 작업 시 철판, 전처리 도막, 베이스 도막, 클리어 도막이 비스듬하고 넓고 완만하게 보이도록 연마해야 한다. 판금한 부분보다 더 넓게 연마해야 하며 퍼티 작업 시 단차를 줄일 수 있으며 퍼티 점착성을 향상시킨다. 샌더 작업시 날을 세우지 않고 평면으로 사용해야 한다. 요철면 연마시 샌더기 무게 힘으로 얇고 천천히 연마해야 한다.

# 퍼티

# 03

CHAPTER 03

# 퍼티

**학습목표**

1. 퍼티를 적용할 수 있다.
2. 퍼티 연마 및 면 고르기 작업을 할 수 있다.

## 1 퍼티

**학습목표** 퍼티를 적용할 수 있다.

퍼티(Putty: 접착제)는 자동차 사고로 패널을 판금하고, 패널이 울퉁불퉁하고, 페인 홈이나 깊은 스크래치를 매우고 원래의 매끄러운 곡면이나 평활한 패널로 만들어 주기 위해 사용한다.

퍼티 공정은 자동차 차체수리공정에서 패널 수정작업을 위한 인장 및 압축과 판금 작업, 그라인더 연마 작업 등으로 발생된 철판면의 굴곡 부분과 울퉁불퉁한 부분을 메우고 매끄럽게 만늘어 주는 역할을 한다. 퍼티는 구도막과 철판면의 오목(凹)부분을 메우는 체질안료이며, 반드시 다단 낮추기 공정이 선행된 후 퍼티 작업을 해야 한다. 단 낮추기 작업을 하지 않고 퍼티를 도포할 경우 퍼티가 구도막 면에 부착되지 못하고 얹히기 때문에 퍼티 점착성이 떨어지며, 패널과 퍼티 사이의 공기가 스며들어 퍼티 건조공정에서 부풀음 현상의 도막 결함이 발생할 수 있다.

퍼티 취급시 주의사항

① 작업 시에는 환기가 잘 되는 곳에서 작업하고, 장갑이나 마스크 등을 착용하여 피부나 호흡기를 보호해야 한다.

② 혼합 비율은 일반적으로 제품에 표기되어 있으며, 무게 비율을 정확히 지켜야 하며, 경화 시간을 충분히 지켜야 한다.

③ 사용 후에는 남은 퍼티를 밀봉하여 보관해야 한다.

④ 플라스틱 수지 퍼티는 모형 제작, 자동차 수리, 건축 마감 등 다양한 분야에서 활용된다.

⑤ 제품에 따라 다양한 특성(강도, 건조 시간, 색상 등)을 가지며, 용도에 맞는 제품을 선택하는 것이 중요하다.

⑥ 최근에는 다양한 브랜드에서 플라스틱 수지 퍼티 제품을 출시하고 있으며, 온라인 쇼핑몰이나 철물점에서 쉽게 구매할 수 있다.

## 1.1 퍼티의 종류

퍼티는 패널의 재질에 따라 일반 강판용, 아연도금 강판용, 알루미늄용, 플라스틱용으로 그 종류와 용도가 달라진다. 일반적으로 사용되는 퍼티는 일반 강판의 폴리에스테르 퍼티로써 가장 많이 사용되며, 아연도금 강판에는 EGI 퍼티가 사용되고 그 양은 적지만 범퍼 등 플라스틱 재질과 유사한 성분으로 된 수지 타입의 퍼티가 사용된다.

퍼티는 그 종류에 따라 각기 다른 성분과 특성을 가지고 있으며 도포해야 할 소재(철판, 플라스틱, 아연강판, 알루미늄 패널 등)에 따라 적합한 퍼티를 선택해야 한다.

### [1] 폴리에스테르 퍼티(폴리 퍼티)

가장 일반적으로 사용되는 퍼티로, 경화 속도가 빠르고 작업성이 좋다.

### [2] 판금 퍼티

폴리 퍼티보다 점도가 낮아 얇게 펴 바르기 쉽고, 섬세한 작업에 사용된다.

### [3] 우레탄 퍼티

내구성이 뛰어나고 충격에 강하며, 주로 대형 차량이나 외부 패널 등에 사용된다.

### [4] 에폭시 퍼티

접착력이 우수하고 방수성이 뛰어나 금속, 플라스틱 등 다양한 재질에 사용할 수 있다.

### [5] 아연 퍼티

아연으로 도금된 강판 표면에 잘 부착되도록 만들어진 퍼티이다.

## 1.1.1 폴리에스테르 퍼티(폴리 퍼티)

폴리에스테르 퍼티는 "폴리 퍼티"라고 하며 보수도장 작업시 가장 보편적으로 사용된다. 조성은 퍼옥사이드 경화제를 첨가시켜 반죽(paste)상태의 물질을 고체상태의 물질로 바꾸도록 설계된 2액형 제품으로 판금 퍼티 작업 후에 발생되는 작은 굴곡이나 연마시 발생되는 스크래치 자국 또는 작은 기공 등을 제거하기 위해 사용된다.

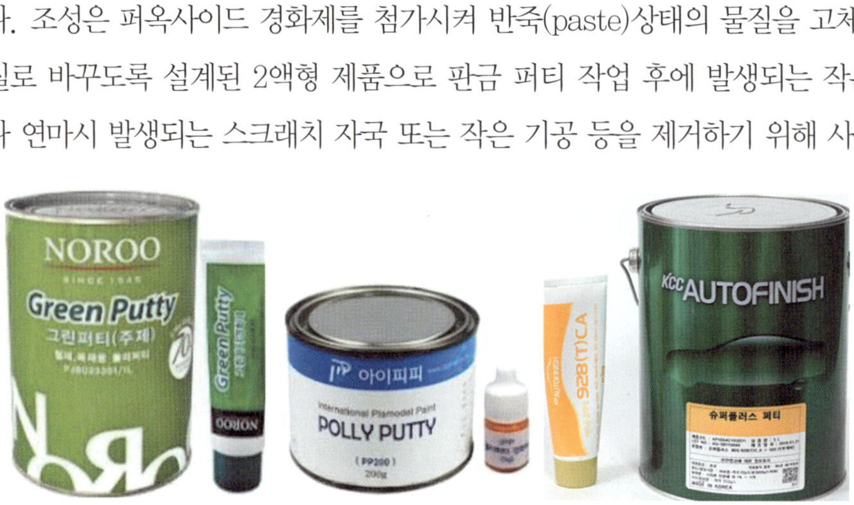


그림 3-1 퍼티 제품

주제는 불포화 폴리에스테르 수지로 되어 있으며 이것은 불포화기를 가진 폴리에스테르와 비닐 단량체(SM: 스티렌모노머 styrene monomer: 비닐기를 가진 중합성 단량체로 불포화 폴리에스테르를 용해시킬 때 사용하는 용제를 말하며 일반적으로 30~50% 정도 사용한다)의 혼성 중합으로 얻어진다.

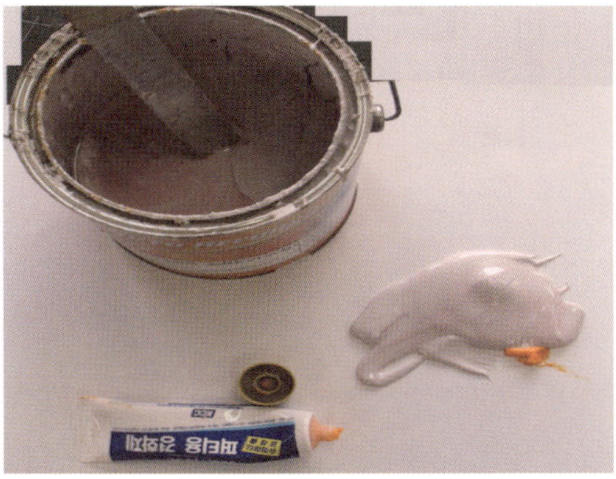

(a)

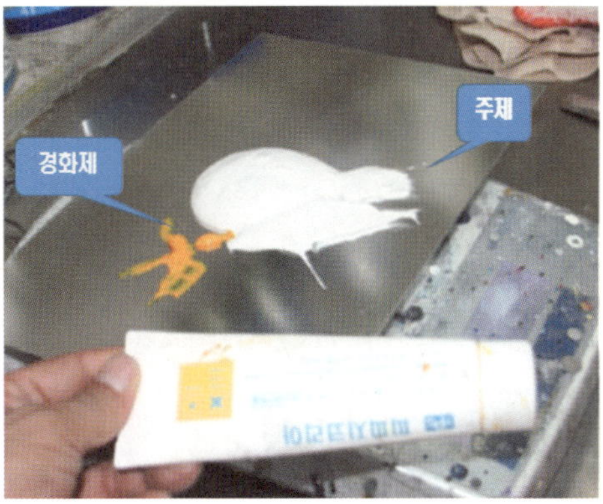


(b)

그림 3-2 퍼티 및 경화제와 퍼티 혼합 비율

경화제는 과산화벤조일(Benzoyl Peroxide)로 된 끈끈한 황색 또는 핑크색의 유체로서 중합금지제를 넣어 보관 후 반응 개시제(과산화물)를 가해서 가교결합 구조를 이룬다(주제 및 경화제 색깔은 제조사마다 상이함).
퍼티의 특징은 보수용 소지면의 요철 메꿈용으로 사용하며 경화가 빠르고 연마가 쉽다는 것이 장점이나, 두껍게 도포할 경우, 유연성이 떨어지고 점착성이 저하되며, 충격에 깨지기 쉬우므로 주의해야 한다. 따라서 2mm 이하로 도포하는 것이 좋으며, 아연도금 강판에는 사용해서는 안 되며 화학반응을 일으킬 때 5~7% 정도의 자체 수축 작용을 통해 도막이 형성되므로 도포할 때 수축되는 양까지 감안해서 도포하는 것이 효과적이다.

## 1.1.2 아연도금 강판용 퍼티(EGI 퍼티)

아연도금 강판용 퍼티는 일반 강판이나 아연도금 강판에 적용이 가능하며, 특히 일반강판(CR)의 후드 패널과 같은 기관열이 많이 발생되는 패널에 적합하다. 아연도금 강판에 폴리에스테르 퍼티를 적용하면 시간이 경과된 후에 퍼티의 부착이 떨어지거나 투명 표면에서 시딩(Seeding : 작은 씨앗처럼 서로 다른 칠이 뭉쳐져 묻어나는) 현상이 발생할 수 있다.

### 1.1.3 래커 퍼티(마무리 퍼티, 스크래치 퍼티, 기스퍼티, 레드 퍼티)

래커 퍼티는 보통 빨간색으로 되어있는 제품이 많아 레드 퍼티(Red putty)라 하며 래커 타입(1액형)으로 별도의 경화제가 필요 없다.

용도는 판금 퍼티나 폴리에스테르 퍼티를 작업하고 난 후, 발생된 퍼티 기공을 메우거나 연마 작업으로 인해 발생된 굵은 스크래치 자국을 메울 때 사용한다.

래커 퍼티를 도포하고 연마한 후 래커 퍼티가 남아 있는 경우에 후속 도장으로 인해 래커 퍼티의 가장자리 부분이 녹거나 전체적으로 팽윤(Swelling)되어 지지미(부풀어 오르는) 현상이 발생하므로 건조에 주의하며 완전히 건조시킨 후 연마 작업을 해야 한다.

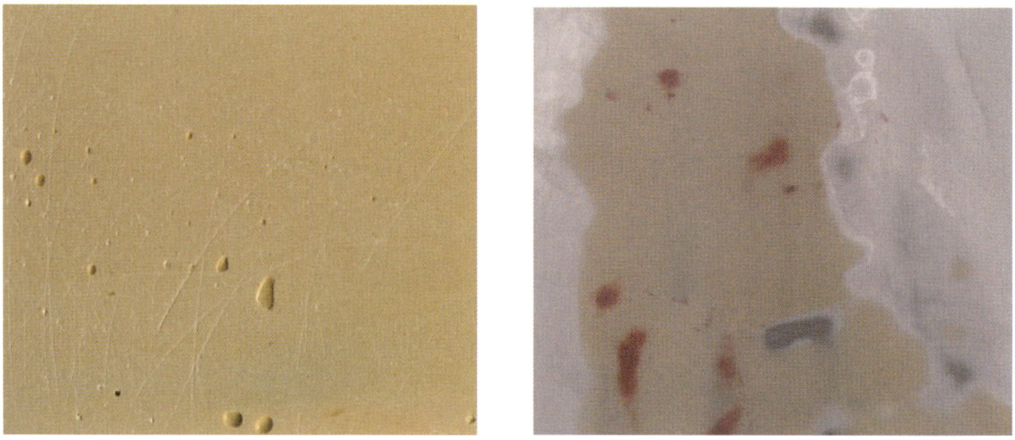

(a) (b)

그림 3-3 퍼티 기공 및 래커 퍼티 작업

래커 퍼티는 미세한 핀 홀이나 스크래치 부위에만 사용하고, 퍼티는 액체를 흡수하는 성질이 있어 후속 공정인 프라이머 서페이서를 도포해야 한다.

### 1.1.4 핀홀 필러

자동차 도장 작업 시 발생하는 미세한 구멍, 즉 핀홀(pinholes)을 메우는 데 사용되는 제품이며, 핀홀은 주로 투명 코팅이나 베이스 코트 도장 시 발생하는 기포나 공기 방울이 원인이 되어 나타난다. 퍼티 작업공정에서 발생하는 미세구멍이나 핀홀을 제거하지 않으면 도장 면의 품질이 저하될 수 있으며, 핀홀 필러를 사용하여 표면을 매끄럽게 만들어 주어야 한다.

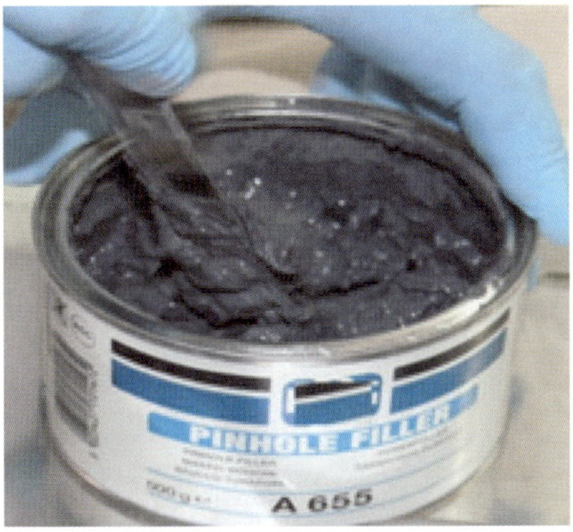


(a)

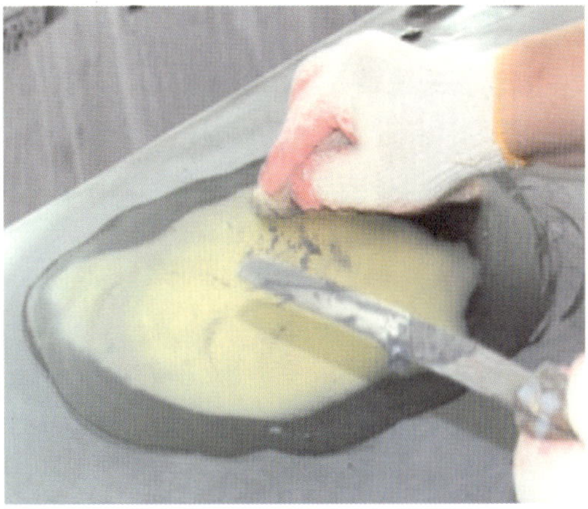

(b)

그림 3-4 핀 홀 필러 및 필러도포

핀홀 필러 사용 시 제품 설명서에 명시된 사용법과 주의 사항을 반드시 준수하며. 과도한 양을 사용하거나 건조가 충분하지 않은 상태에서 샌딩 작업을 하면 오히려 다른 문제를 유발할 수 있다. 제품군으로 삼화스타탭 핀홀필러, 하이큐 핀홀필러, 미파P44 핀홀핀러, 에버코트 핀홀필러 등이 있으며 레드 퍼티보다 작업성이 편리한 잇점이 있다.

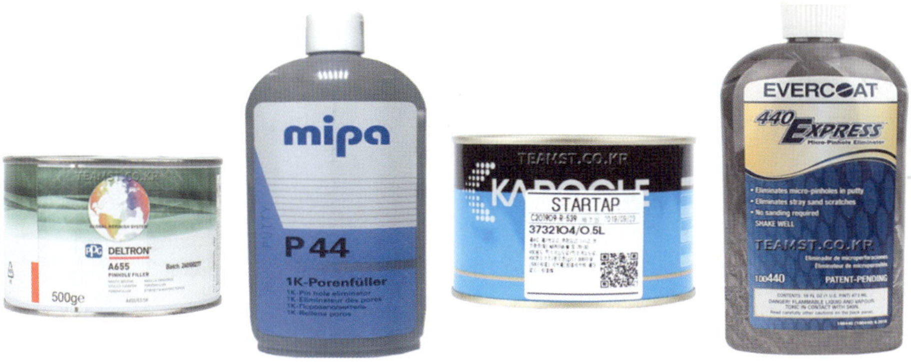


그림 3-5 핀 홀 필러 제품

## 1.1.5 플라스틱수지 퍼티

주로 범퍼와 같은 플라스틱류에 적용하며 충격이나 유연성이 좋은 퍼티를 플라스틱 수지 퍼티라 하며, 폴리에스테르 퍼티와 달리 수지 타입으로 되어 있다는 것이 특징이다.

자동차정비 및 도장 업체에서 철판 바디에 사용하는 판금 퍼티나 폴리에스테르 퍼티를 플라스틱 소재에 적용하고, 철판과 플라스틱은 충격에 대한 복원력에서 큰 차이가 있기 때문에 퍼티 재료도 재질에 따라 구별하여 사용되어야 한다. 일반 폴리 퍼티를 사용할 경우 접착성이 불량하고, 유연성이 떨어져 충격에 의해 크렉(갈라짐) 현상이 발생하기 쉽다.

그림 3-6 범퍼 및 플라스틱 수지 퍼티 제품

### 1.1.6 스프레이어블 퍼티

대부분의 퍼티는 주걱을 이용하지만 스프레이어블 퍼티는 퍼티를 담아 분무할 수 있는 전용 스프레이건을 이용하여 손상부위에 도포하는 것을 말한다. 부드러운 메꿈은 마무리 퍼티 작업에 적합하지만 스프레이건 세척 등 불편함이 많아 국내에서는 사용하지 않고 있다.

## 1.2. 퍼티 전 작업

### 1.2.1 단 낮추기 작업

패널 판금 작업 후 도장공정으로 구도막과 철판 면과의 턱을 부드럽게 만들어 주기 위한 작업이다. 퍼티를 도포하기 전에 손상된 부위 패널 판금 작업을 하고, 퍼티 작업 전 패널 표면을 단 낮추기 작업을 한다.

#### [1] 작업 준비물

① 더블액션 샌더
② 디스크 샌더
③ 탈지제
④ 종이 타월
⑤ 연마지 #80, #180, #320
⑥ 핸드블록(아데방)
⑦ 목장갑
⑧ 내용제 장갑
⑨ 일회용 비닐장갑
⑩ 마스크(분진용)
⑪ 작업복
⑫ 세척 시너

### [2] 단 낮추기할 손상부위를 탈지제로 깨끗이 닦는다.

패널을 수정한 철판 부분과 구도막의 경계부위는 깨끗하게 탈지한다. 싱글액션 샌더 거친 연마시(#40~#120) 깊은 스크래치가 형성되며, 판금 작업시 그라인더(#20~60) 작업으로 발생한 철가루가 틈새에 끼어 있을 수 있기 때문에 깨끗하게 세정하여야 한다. 또한 구도막 패널면의 왁스나 실리콘 성분을 제거하기 위하여 샌딩 작업 전 탈지 작업을 실행한다.

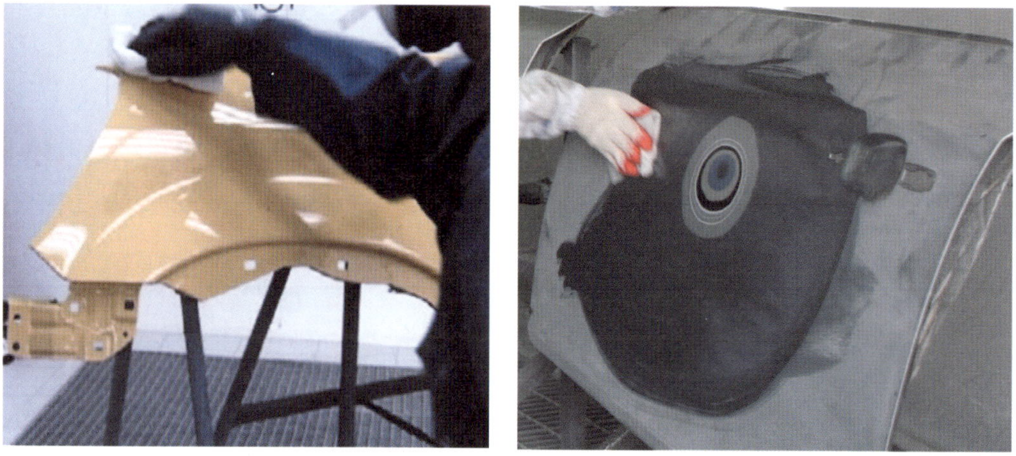

(a) (b)

**그림 3-7** 난추기할 손상부위와 탈지 작업

### [3] 패널 표면 조성

더블액션 샌더의 백업패드 부분에 뚫려있는 구멍과 연마지(#80~#120)에 뚫린 구멍이 서로 일치하도록 부착시킨다.

연마지는 접착식과 찍찍이식이 있으며 샌더기의 종류에 따라 용도에 맞게 연마지를 사용한다.

### [4] 손상부위와 구도막 주변을 샌딩(연마)하여 턱을 없앤다.

샌딩 작업은 철판 면과 구도막의 사이를 이동하면서 작업하고, 디단 낮추기 작업을 할 경우에는 구도막 바깥쪽에서 시작하여 손상부위 방향으로 샌더기를 진행시키면서 단을 낮추도록 한다.

(a)

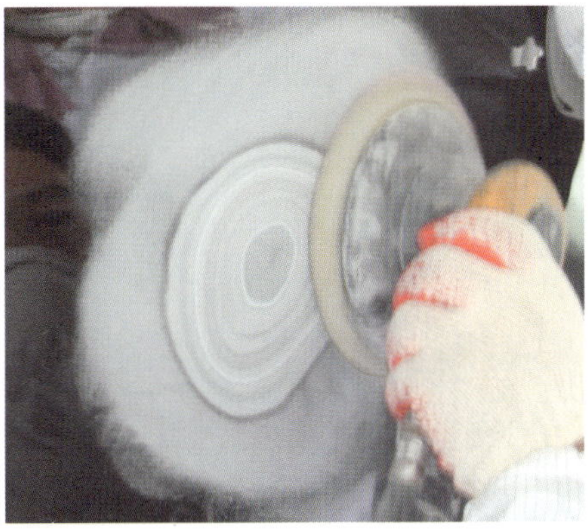

(b)

그림 3-8 손상부위 구도막 제거 및 다단 낮추기 작업

## [5] 탈지 작업

손상부위와 주변을 탈지제로 깨끗하게 탈지하여 분진가루와 이물질을 완전하게 제거한다.

탈지 작업은 탈지제를 묻힌 종이 타월이나 걸레로 철가루 및 분진가루가 묻은 연마면을 훔쳐내듯 닦아낸 다음, 깨끗한 종이 타월이나 걸레를 이용하여 탈지제가 증발하기 전에 닦아낸다.

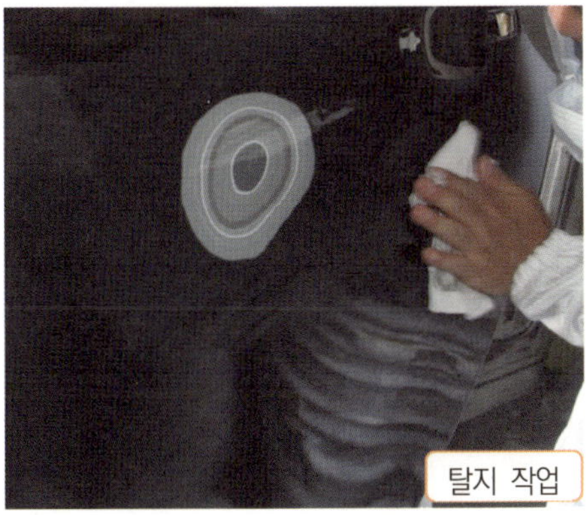


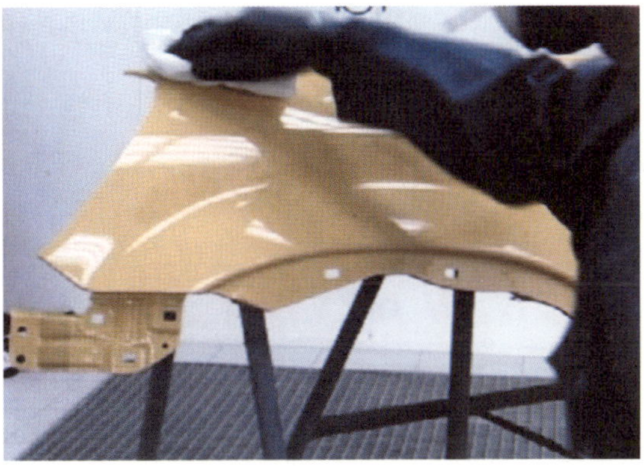

그림 3-9 구도막 제거 후 탈지 작업

## 2 퍼티 공정

**학습목표** 퍼티 공정을 할 수 있다.

퍼티 작업은 퍼티혼합, 퍼티도포, 퍼티건조, 퍼티연마 순으로 이루어진다. 퍼티면적과 손상의 정도에 따라 작업시간이 소요되며, 정비 공장이나 도장 현장에서 퍼티 작업은 도장품질을 향상시키기 위해 2회 이상 작업이 진행되는 경우가 일반적이다(보수 도장기능사 국가 기술 자격시험에서는 퍼티 작업은 2회로 규정하고 있다).

(a)

(b)

그림 3-10 퍼티 및 퍼티 경화제(혼합비율: 주제 100g : 경화제 1~3g)

### 2.1 작업준비

① 더블액션 샌더

② 디스크 샌더

③ 탈지제

④ 종이 타월

⑤ 연마지 #80, #180, #320

⑥ 핸드블록(아데방)

⑦ 목장갑

⑧ 내용제 장갑

⑨ 일회용 비닐장갑

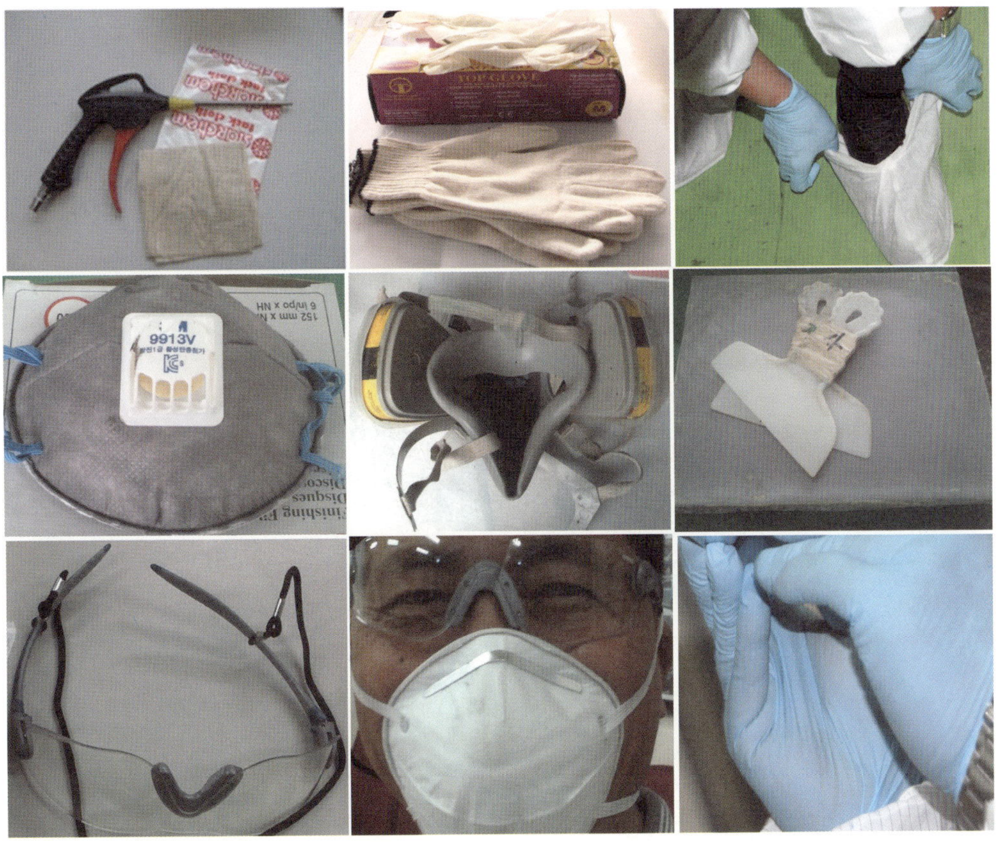


그림 3-11 안전장비 및 준비물

⑩ 마스크(분진용)

⑪ 작업복

⑫ 세척시너

⑬ 퍼티 주걱(플라스틱)과 퍼티 혼합판(철판)

⑭ 퍼티 혼합봉

⑮ 퍼티(주제, 경화제) 및 전자저울

## 2.2 퍼티 혼합

① 퍼티의 주제와 경화제를 준비한다.

② 퍼티 주제 뚜껑을 열어 퍼티 혼합봉(스패추라)으로 퍼티 주제를 골고루 저어준 다음 경화제(튜브식)를 주물러서 혼합할 준비를 한다.

③ 전자저울에 퍼티 혼합판을 올려놓고 "0"점을 세팅한다.
(퍼티 판 무게 없는 것으로 세팅)

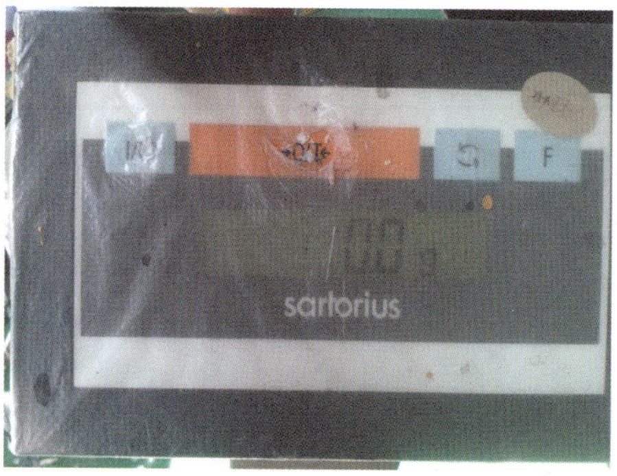


(a)

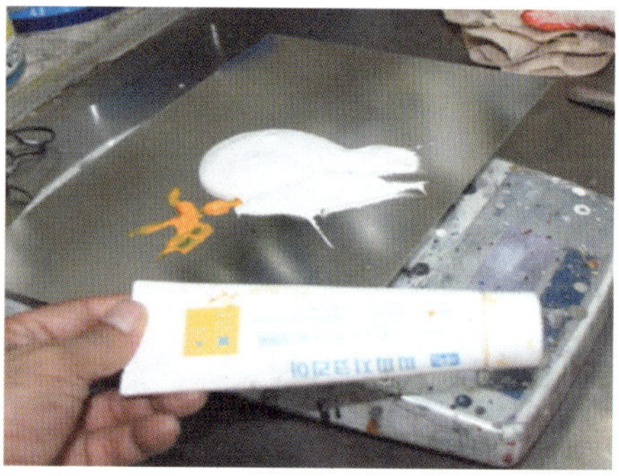

(b)

그림 3-12 전자저울 "0" 세팅

④ 사용할 만큼의 퍼티 주제를 적당량 혼합판에 올려놓고 저울 눈금을 읽는다(예: 100g) 그리고 다시 "0" 세팅을 맞춘다.

⑤ 주제에 맞는 경화제의 양을(주제에 대한 3~5%, 예: 4g) 주제 옆 부분에 정확하게 올려(튜브식은 손으로 짜서)놓는다.

⑥ 혼합비율과 퍼티 양이 많거나 모라잘 때 경화제를 가감하여 퍼티 주제를 버리는 일이 없도록 한다.

⑦ 정확한 양이 혼합되었다면 플라스틱 주걱을 사용하여 주제와 경화제를 골고루

혼합하며 주제(흰색)와 경화제(진한 노란색)가 혼합되어 노란색으로 변화한다.

⑧ 패널의 손상 정도나 퍼티도포 면에 따라 퍼티량을 결정하며, 손상범위가 넓어 한 번에 많은 양을 혼합할 경우 퍼티도포 작업 중 약 5분이 지나면 퍼티가 굳기 사작하므로 5분 이내에 퍼티 작업을 수행할 수 있도록 퍼티량을 적정하게 정하여 혼합한다.

⑩ 퍼티혼합 및 퍼티도포 작업 시 환기가 잘 되는 곳에서 작업하고, 마스크와 장갑을 착용하여 안전에 유의해야 한다.

퍼티 혼합시 공기가 퍼티 속에 포함되지 않도록 하며, 바깥쪽에서 안쪽으로 모아 절반 정도 뒤집어 놓으며, 퍼티 주걱의 넓은 면으로 퍼티를 눌러 압착시키며 넓게 펴서 바르듯 혼합한다. 흰색(주제)이 노란색으로 변화해 가며, 경화제 양이 많은 경우 진한 노란색을 띠며, 퍼티 경화제 양이 적은 경우 연한 노란색을 띤다.

(a)

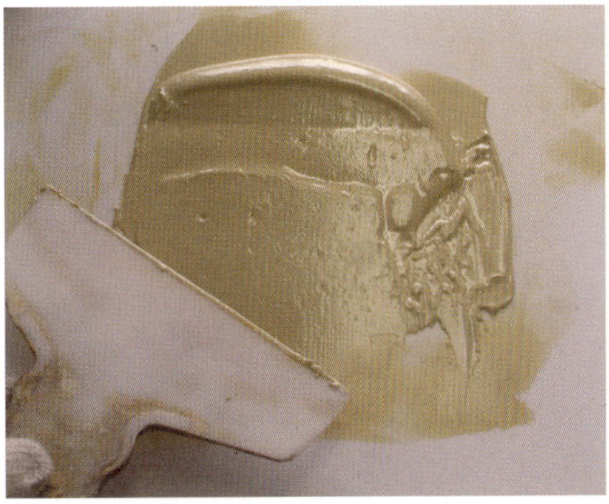

(b)

**그림 3-13** **퍼티 및 퍼티경화제 혼합 작업**

## 2.3 퍼티 도포

① 처음 퍼티 도포는 퍼티 양을 적게 발라 얇게 도포한다.

② 손상부위와 밀착력을 높이기 위해 힘을 주어 도포한다.

③ 처음보다 퍼티의 양을 늘려 패널 형상과 맞도록 두께를 형성한다.

④ 퍼티 주걱(칼)은 처음보다 더 눕힌 상태로 각도를 작게 하여 도포한다.

⑤ 퍼티는 얇게 여러 번 도포하는 것이 원칙이며 마지막에 패널 형성에 맞게 퍼티를 제거하듯이 도포하고 퍼티 경계부위 및 그 주변을 깨끗하게 마무리한다.

⑥ 퍼티도포를 여러 번 작업하여 부착력과 밀도를 높이고 철판 형상보다 약간 두껍게 도포되는 느낌으로 도포한다.

⑦ 한 번에 두꺼운 두께로 바르면 기포가 생기거나 건조 시간이 길어질 수 있으므로 여러 번 얇게 덧바르는 것이 좋다

⑧ 경화제 양과 온도에 따라 퍼티 혼합 후 5분 이상이면 퍼티가 굳기 시작하며 신속하게 작업해야 한다.

⑩ 퍼티혼합 및 퍼티도포 작업 시 환기가 잘 되는 곳에서 작업하고, 마스크, 장갑, 보호안경, 작업복을 착용하여 안전에 유의해야 한다.

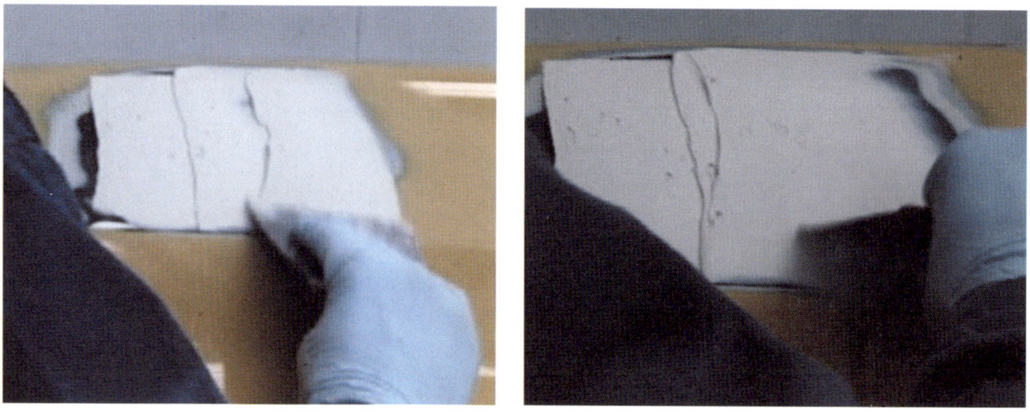

(a) (b)

그림 3-14 퍼티 도포 작업

## 2.4 퍼티 건조

① 퍼티 도포 후 적외선 건조기를 이용하여 60~90cm을 유지한다.

② 강제 건조온도는 일반적으로 60℃~80℃×10분을 유지하도록 하며, 자연건조

는 계절에 따라 차이는 있으나 30분 내외로 건조해야 연마가 가능하다.

③ 강제 건조시 온도가 너무 높지 않도록 주의해야 하며, 퍼티도포 주위의 패널 온도를 적외선 온도측정기를 이용하여 측정하거나, 손으로 접촉하여 패널온도를 느끼며 퍼티가 타지 않도록 주의해야 한다.

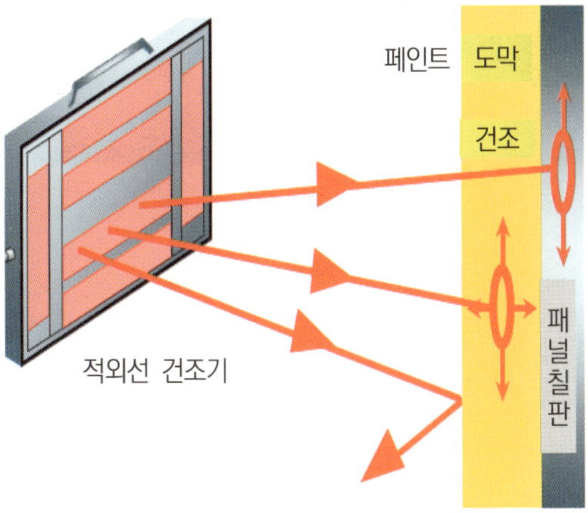


(a)

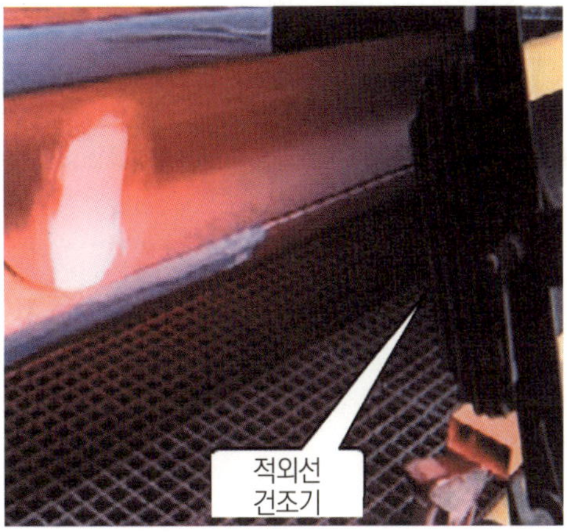


(b)

그림 3-15 적외선 건조기 및 건조방법

## 2.5 퍼티 연마

① 분진 마스크 및 안전용품을 착용한다.

② 흡진기 및 더블액션 샌더를 설치한다.

③ 더블액션 샌더에 #80 연마지를 부착한다.

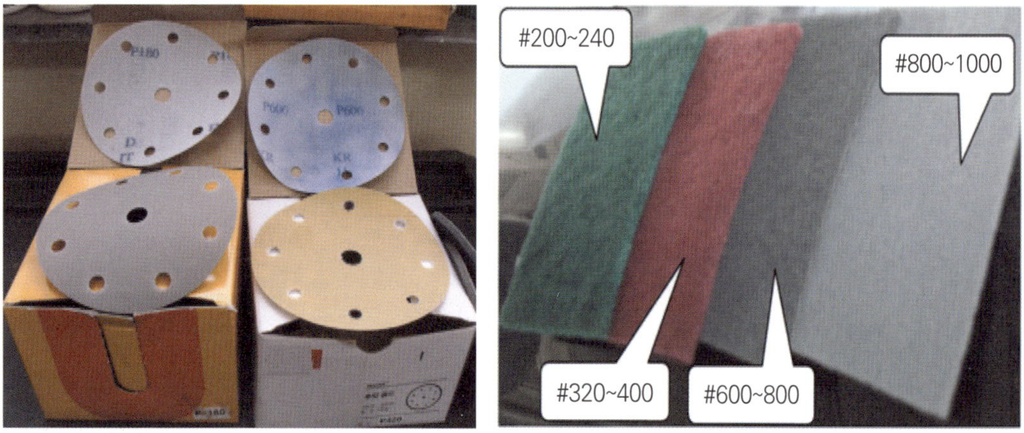


(a) (b)

그림 3-16 연마지 P80, P180, P320, P600과 부직포(수세미)

④ 샌더기의 회전수(rpm)를 적절히 조절한다.

⑤ 퍼티의 처음 연마시, 두껍게 도포된 곳과 주걱(칼)자국으로 겹쳐있는 곳을 우선 연마하며, 샌더는 상, 하, 좌, 우 및 대각선 방향으로 연마한다.

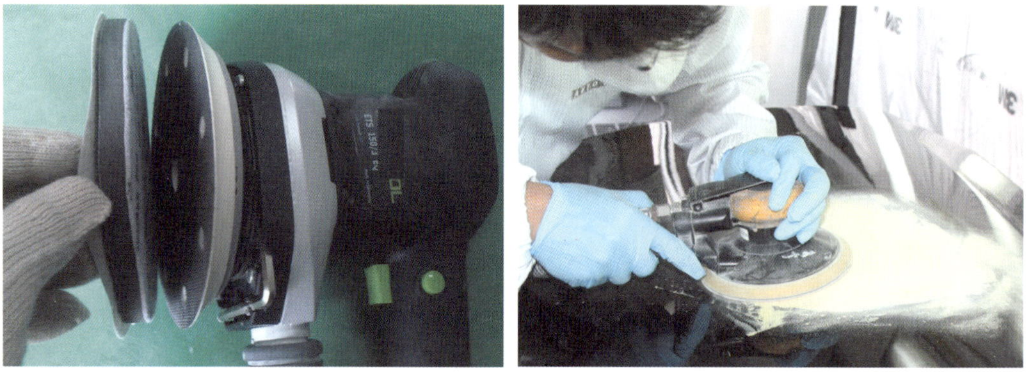

(a) (b)

그림 3-17 퍼티 기계 연마 작업

⑥ 샌더로 어느 정도 평활성(#80, #120, #180)을 확보한 후 핸드 블록(#180, #320) 연마지로 마무리 연마한다.

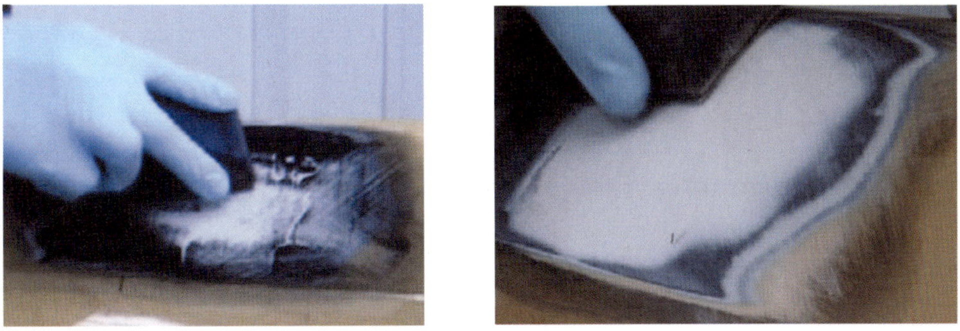

(a) (b)

그림 3-18 퍼티 연마 작업(수 연마)

⑦ 퍼티 연마시 발생한 연마가루와 먼지는 흡진기(진공청소기)로 제거한다. 탈지제로 퍼티부분은 탈지하지 않는다. 퍼티 부분의 세정을 위해 탈지제를 사용할 경우 퍼티는 수분과 액체를 흡수하는 성질이 있어 건조하는데 오랜 시간이 소요되며, 완전 건조가 안될 경우 도장결함을 발생시킬 수 있다. 특히, 물을 이용하는 습식 샌딩 방법으로 수(水) 연마를 할 경우 물에 의한 도장결함을 발생시키므로 완전 건조 후 다음 공정을 진행한다.

⑧ 가이드 코트 사용은 연마부위와 연마하지 않은 부위를 구분하기 위하여 사용되며, 가이드 코트를 도포하고, 퍼티 연마시 기공이 발생된 부분은 검정색 가이드 코트가 남아 육안으로 알아보기 용이하며, 후속 작업으로 필러 도포 작업을 하거나, 재 연마 작업으로 기공을 제거한다.

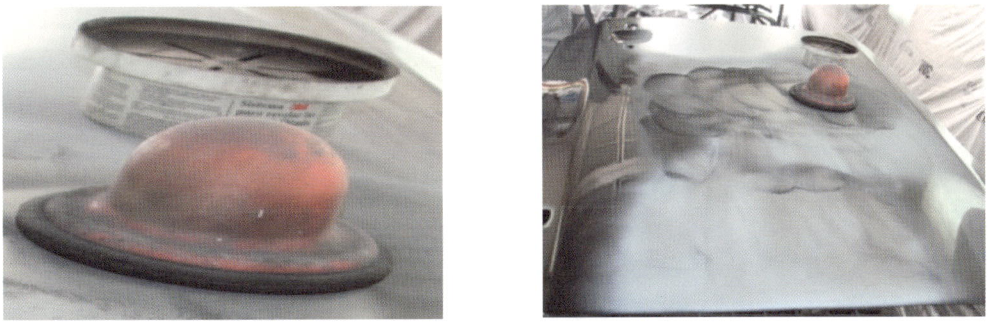

(a) (b)

그림 3-19 가이드 코트 작업

연마(샌딩)는 건식방법 및 습식방법에 따라 달라지며 연마지에 따른 사용범위는 일반적으로 아래 그림과 같다.

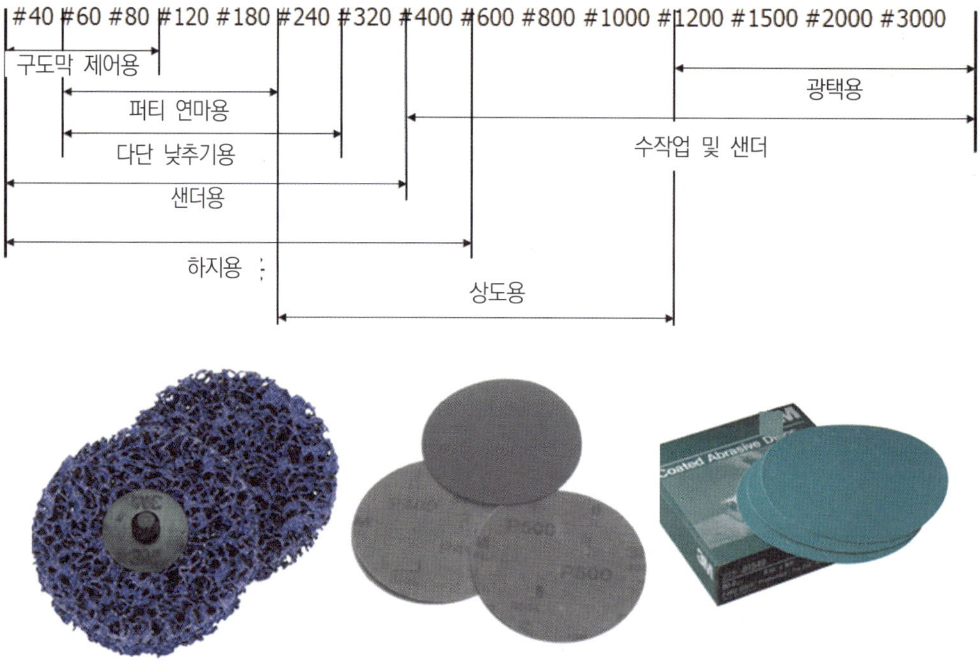


그림 3-20 연마지에 따른 작업범위

MEMO

# 하도 도장

# 04

CHAPTER 04

# 하도 도장

**학습목표**

1. 하도용 도료를 도장할 수 있다.
2. 스프레이건을 사용할 수 있다.

## 1 하도 도장

**학습목표** 하도용 도료를 도장할 수 있다.

하도용 도료 프라이머(Primer)는 방청 작용과 베이스 및 우레탄 도료 등 다음 공정에서 도막의 점착력 향상을 위해 금속 바탕에 직접 칠하여 패널 전체의 부착력을 증가시키고 금속 산화의 방지를 위한 도장(하도도료) 공정이다.
보통 프라이머에 사용되는 산화 방지 안료에는 징크(아연) 크로메이트, 아연화 및 연단이 있고 전색제의 종류에 따라 오일 프라이머, 래커 프라이머 및 기타 합성수지 프라이머로 구분된다.

보수도장의 프라이머는 철판을 비롯한 아연도금 강판 그리고 알루미늄 소지 등에 대한 내(耐)부식성을 증가시키기 위해 사용하는 워시(wash) 프라이머와 범퍼 및 몰딩류와 같은 신축성이 있는 제품에 부착력을 증가시키기 위해서는 플라스틱 프라이머를 사용한다.

## 1.1. 작업 방법

### [1] 탈지한다.

내용제성 장갑과 유기용제용 마스크 등 안전 보호구를 착용하고 탈지제로 도장할 부위와 주변을 깨끗하게 세정한다.

### [2] 에폭시 또는 워시 프라이머를 혼합한다.

① 프라이머의 주제(Base)를 계량 비닐 컵에 적당량 투입한다.

② 제품의 주의 사항을 확인하고 도료의 비율(경화제양, 시너 비율, 시너 종류 등)을 확인한다.

③ 주제에 맞는 경화제(Harder) 양을 적당량(보통 10~4 : 1) 투입한다.

④ 도료 막대(스페출라)를 이용하여 주제와 경화제를 골고루 혼합한다.

⑤ 에폭시 프라이머는 도료 제작사에 따라 사용 제품이 다양하므로 설명서 및 사양을 반드시 참고하여야 한다.

(a) (b)

그림 4-1 주제와 경화제를 계량컵의 용량에 맞게 혼합

## [3] 도료를 여과한 후 도장한다.

에폭시 프라이머를 여과지(도료 필터)를 통하여 스프레이건(분무 건)에 담는다. 에폭시 프라이머 도장 작업은 중도나 상도 도료와 달리 2회~3회 도장하여 도막두께를 두껍게 올려 칠하는 도료가 아니므로 1회에 걸쳐 얇게 칠하여 마무리한다.

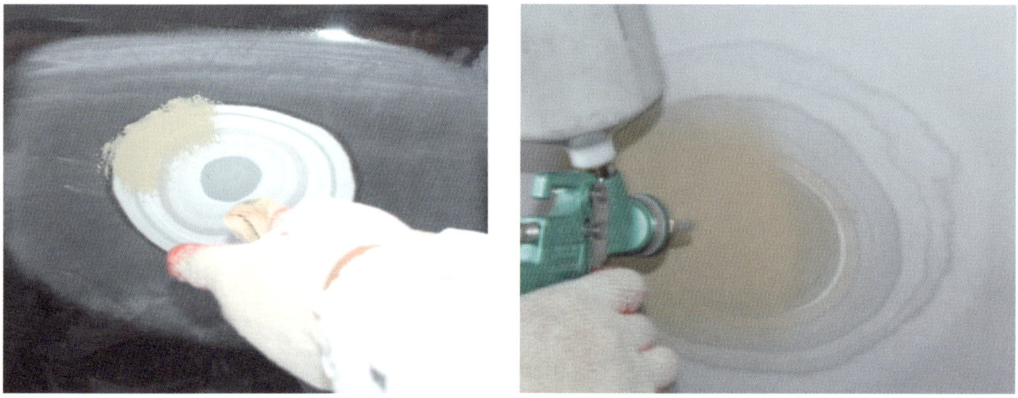

(a) (b)

그림 4-2 에폭시 프라이머 도장 작업

철판 면에 내 부식성 향상을 위한 도료이며, 스프레이건은 넓은 부위에 사용하며 좁은 부위는 붓이나 솜뭉치로 찍어 바르며 종이 수건으로 닦아내고 다음 공정인 퍼티 작업을 실행한다.

## [4] 여과지

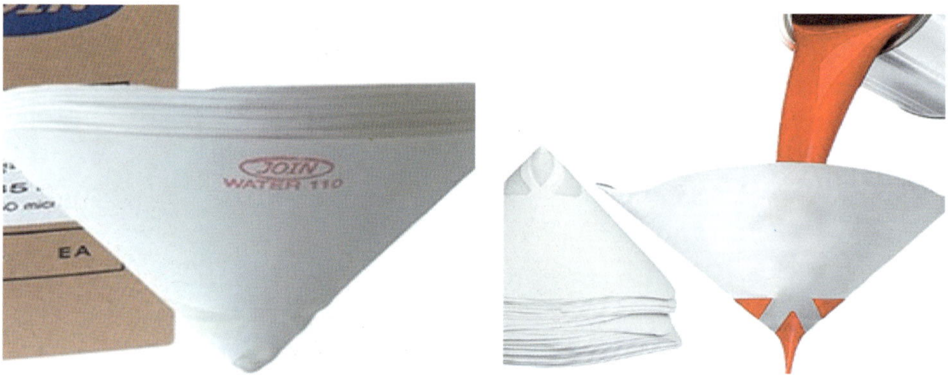


그림 4-3 수용성 여과지, 유용성 여과지

페인트통을 열어 계량컵에 사용량을 담아 계량하고, 스프레이건에 옮겨 담을 때에 여과지를 사용하여 페인트 내의 이물질이나 뭉쳐진 도료을 걸러주기 위해 여과지를 사용하여 깨끗한 도료를 스프레이건에 담는다. 유용성 여과지는 #100 (메쉬) / 140 미크론(MICRON) 수용성 여과지는 #150(메쉬) / 104미크론(MICRON)으로 구별하여 사용한다.

## 2 스프레이건

**학습목표** 스프레이건을 사용할 수 있다.

### 2.1 스프레이건의 분류

스프레이건은 건 본체와 도료 컵으로 구성되며 컵의 위치에 따라 일반적으로 흡상식과 중력식으로 분류된다.

그림 4-4 중력식, 흡상식 스프레이건

### 2.1.1 중력식 스프레이건

도료 컵이 스프레이건의 위에 설치되어 있으며, 컵의 각도를 바꿀 수 있어 작업성이 좋다. 장점으로는 도료의 점도가 변하더라고 토출량의 변화가 적으나, 도료의 보충이나 작업 대기 때 보조 스탠드가 필요하다. 또한 컵 용량이 작아 넓은 면적을 칠하는 경우 도료를 보충하면서 도장을 해야 한다.

### 2.1.2 흡상식 스프레이건

도료 컵이 스프레이건의 아래에 설치되어 있는 타입이며, 안정성이 좋으며 도료 교환이 쉽다. 일반적으로 컵 용량이 1리터(중력식보다 더 많은 양을 담아 작업할 수 있다.) 정도이며 넓은 범위의 도장에 편리하나, 중력식에 비해 무거우며, 도료를 흡입하여 분출하기 때문에 도료의 점도에 따라 토출량, 분부 상태, 무화 등이 변화하며 사전의 연습 스프레이 후 공기압력, 분출 압력, 분부 상태를 조절하고 작업해야 한다.

### 2.1.3 압송식 스프레이건

도료 컵과 스프레이건이 분리되며, 도료 컵과 스프레이건이 호스로 연결되는 타입이다. 넓은 범위의 많은 도료를 연속적으로 도장 작업할 때 편리하며, 어떤 각도에서도 도장할 수 있으나, 큰 컵(통)을 운반하기 때문에 힘이 들고 이동성이 불편하며, 스프레이건을 씻을 때 시너 소비량이 많고, 시간이 오래 걸린다, 본래는 전체 도장용으로 사용되었으나 현재는 대형차, 선박 도장의 방청도료 등에 사용하고 자동차 보수도장용으로는 거의 사용하지 않는다.

## 2.2 스프레이건의 특징

도료를 미세한 입자 형태로 분사하여 균일하고 매끄러운 도장표면을 얻을 수 있으며, 다양한 분야에서 활용된다. 스프레이건 분사각이 도장 면과 수직이 되도록 유의해야 한다. 항상 일정한 조건으로 칠하는 것이 칼라 편차(이색, 뭉침, 흐름, 등)를 최소화하는 방법이며, 피도장물에 균일하게 분사하여 표면에 얇고 고르게 도포하여 매끄럽고 상품 가치를 높이는 도장 면을 얻을 수 있다.

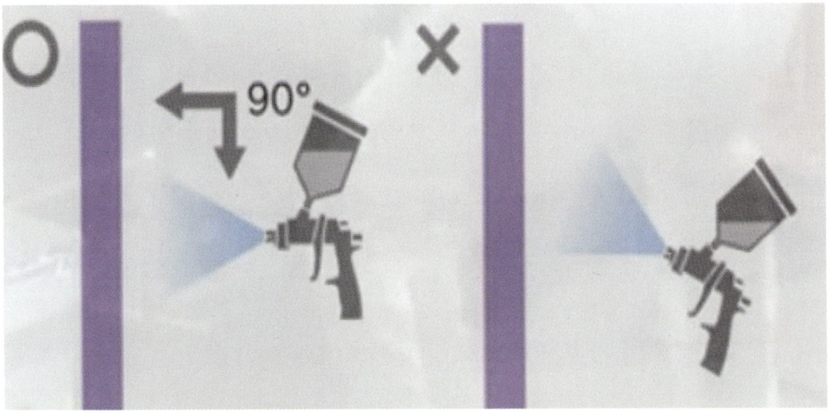


그림 4-5 스프레이건과 피도장물의 분사각

### 2.2.1 스프레이건의 구조

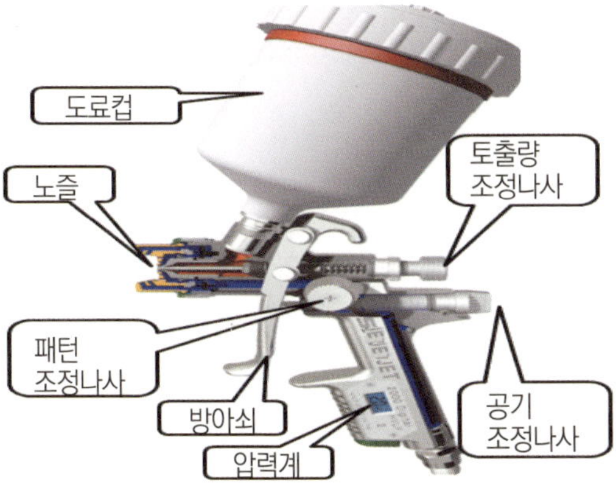

그림 4-6 스프레이건의 구조

스프레이건은 압축공기를 이용하여 적당한 점도를 가진 도료를 미세한 안개 모양의 입자로 분무하는 핸드용 공구이다. 공기와 도료를 스프레이건 노즐 밖으로 분출할 때 서로 뒤섞이며, 분출, 팽창하는 것을 이용하고 있다. 트리거(방아쇠)를 조금 당기면 니들(침) 밸브가 후퇴하여 공기만 나오다가 조금 더 당기면 도료가 공기와 함께 분출되며, 도료 분사량과 최대 분사량은 토출량 조정 나사로 조절이 가능하다. 도료의 패턴(타원형 모양에서 원형 모양)과 분출량을 나사의 회전 정도로 조정이 가능하며 이 나사 주위에 눈금이 표시된 타입도 있다.

공기량 조절나사로 에어 압력을 조절하여 공기의 양을 제어한다. 또한 실제 칠할 때 스프레이건의 운영과 기온, 습도, 도료의 점도, 시너의 양, 건의 거리, 움직이는 방법 등이 도장의 조건에 따라 도장 품질을 크게 좌우한다. 스프레이건 노즐의 구경에는 여러 종류가 있으나 상도는 1.3mm, 프라이머 서페이서는 1.5mm가 기본이 된다. 분무하는 도료나 도색 등 작업 내용에 따라 세밀하게 구분하면 다음과 같다.

**[도장공정에 따른 스프레이건 노즐 크기]**

| | |
|---|---|
| 전도장: 1.3~1.8mm | 터치업: 1.2~1.5mm |
| 솔리드 칼라: 1.2~1.4mm | 메탈릭 칼라: 1.3~1.5mm |
| 펄 칼라: 1.0~1.4mm | 우레탄계(클리어): 1.2~1.5mm |
| 래커계: 1.3~1.8mm | 프라이머 서페이서: 1.3~1.8mm |
| 1액형 스프레이 퍼티: 1.5~1.8mm | 2액형 스프레이 퍼티: 2.0mm 이상 |

### 2.2.2 스프레이건의 특징

스프레이건 중 가장 많이 보급되고, 사용되는 스프레이건은 HVLP(High Volume Low Pressure)건과 RP(Reduced Pressure)건이다.

#### [1] HVLP(High Volume Low Pressure) 스프레이건

HVLP(High Volume Low Pressure) 스프레이건은 일반적으로 분사 거리는 10~15cm 정도이며, 도료의 소모량(사용 컵에 따라 다양함)은 430cc/min 정도로 되어있으며, 15cm의 거리에서 분사 폭은 29.5cm 정도이다.

분사 압력은 0.7~0.8bar(에어 압력 최소 2.0bar 이상)이며, 스프레이시 도착률은 65% 정도이다.

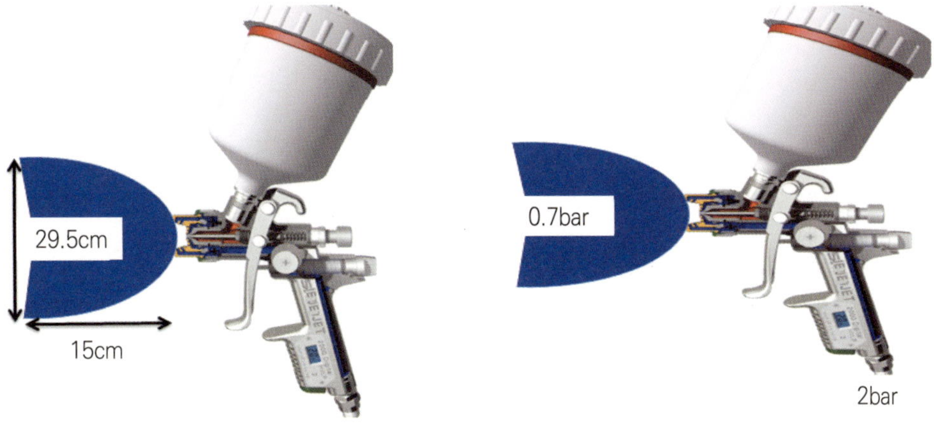


(a) (b)

그림 4-7 HVLP 스프레이건 특징

### [2] RP(Reduced Pressure) 스프레이건

RP(Reduced Pressure) 스프레이건은 일반적으로 분사 거리는 18~25cm 정도이며, 도료의 소모량(사용 컵에 따라 다름)은 290cc/min 정도로 되어있으며, 20cm의 거리에서 분사 폭은 29.5cm 정도이다.

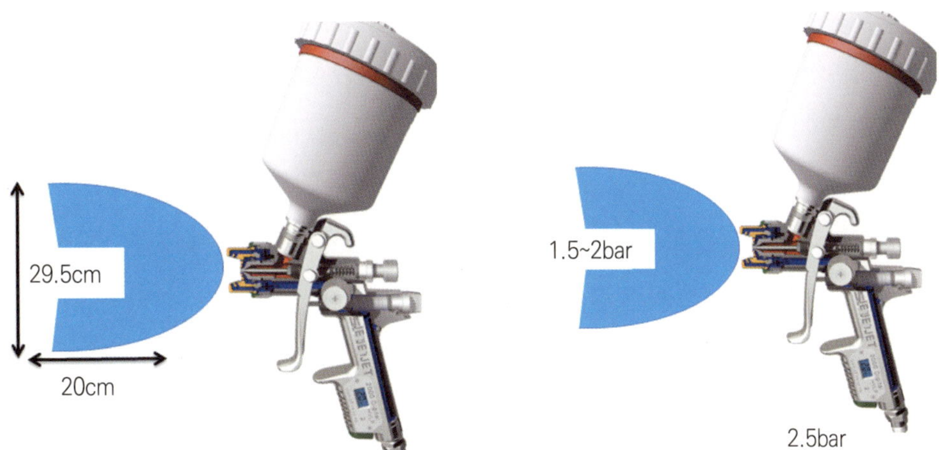


(a) (b)

그림 4-8 RP 스프레이건 특징

분사 압력은 1.5~2bar(에어 압력 최소 2.5bar 이상)이며, 스프레이시 도착 효율은 예전에는 35% 정도였으나, 근래에 65% 정도를 보인다.

### [3] 도착 효율 또는 비산율

도착 효율이란 도막을 형성하기 위하여 스프레이건에서, 실재 도료를 분사하여 소모된 도료량과 제품에 도막을 형성한 도료량의 비율로 나타낸다.
예를 들어 패널의 도장 전 무게가 1kg이고, 도막을 형성한 후 무게가 1050g이면 도막을 형성한 도료량은 50g이다. 또한 이때 스프레이건 컵에 담긴 도료량이 250g에서 150g으로 소비되었다면(도료 소비량 100g) 도착 효율의 산술식은 다음과 같다.

도착 효율 = (도막의 무게) / (도료 소비량) × 100%

따라서 도착 효율은 = (1050g − 1000g) / (250g − 150g) × 100% = 50%

도착 효율은 도장 숙련도에 따라 크게 달라지며 처음 작업하는 초보 기술자인 경우 일반적으로 10%~20%의 도착률을 보이고, 숙련 기술에 따라 50% 이상의 도착 효율이 나타난다. 이는 도료 재료의 효율성과 작업공정의 경제적 이점이 크다. 예를 들어 숙련 기술자의 차량 전체 도장의 도료 사용량은 베이스 도료는 4L, 클리어 도료 4L 정도의 재료로 작업이 완성되나, 초보 기술자일 때 도장의 품질과 도료 소비량이 2배 이상이 소모되며, 더 많은 작업시간이 소요되고 견적 금액 대비 재료비, 인간비, 작업시간, 등의 경제적 측면을 고려하여 많은 연습과 숙련이 필요하다.

### [4] 스프레이 방법

스프레이건 사용 전 패턴 점검을 해야 하며, 적절한 스프레이 패턴은 패널 전체 표면에서 균일한 도료량으로 형성된 타원형이다.

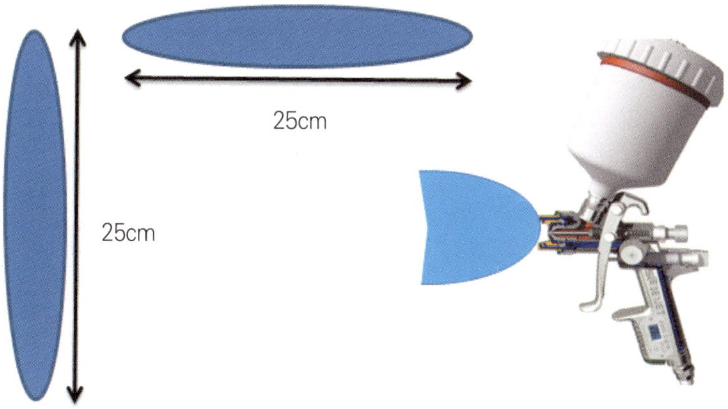


**그림 4-9** 스프레이건 패턴 점검

그림과 같이 두 가지 방향의 검사는 도포된 도료 양이 많은지 혹은 적은지 보여 줄 것이며, 도료 양이 너무 많은 경우 중간 부분이 흘러내릴 것이며 도료 양이 너무 적을 때 외관이 날림으로 지저분해 보이고 건조해질 것이다. 스프레이건에 따라 패턴의 크기가 다양하게 조절이 가능하다.

## [5] 스프레이건의 거리

| 거 리 | 영 향 | 비 고 |
|---|---|---|
| 100 ~ 140mm | 용제가 많은 표면에 적용<br>도막 형성 불안정<br>메탈릭 상도의 이색 현상.<br>흐름 발생 높음.<br>건과 패널이 너무 가까움. | 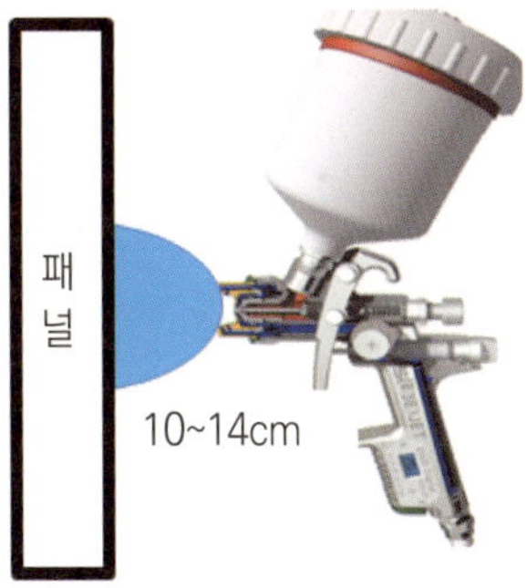<br> |

| 거리 | 영향 | 비고 |
| --- | --- | --- |
| 270 ~ 300mm | 원료의 손실 발생<br>날림도장, 먼지 발생<br>너무 빠른 건조,<br>도장표면이 거칠어짐<br>원료의 부적절한 습윤 상태<br>은폐력, 광택, 불안정 | 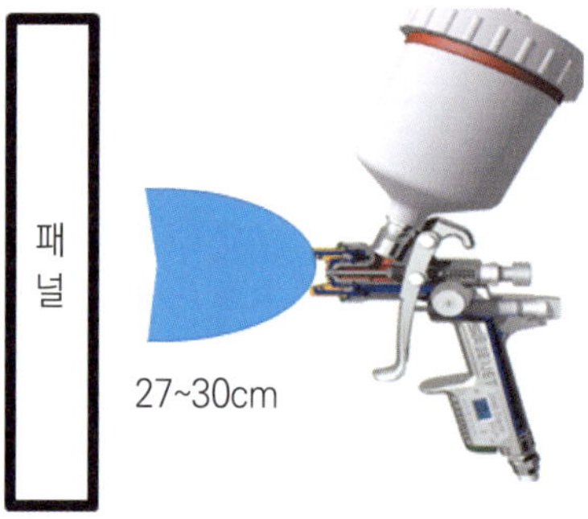 |
| 150 ~ 200mm | 올바른 건조와 경화<br>도료의 적절한 습윤 상태<br>부착성, 용해, 올바른 유동<br>적절한 도장패널과 거리 | 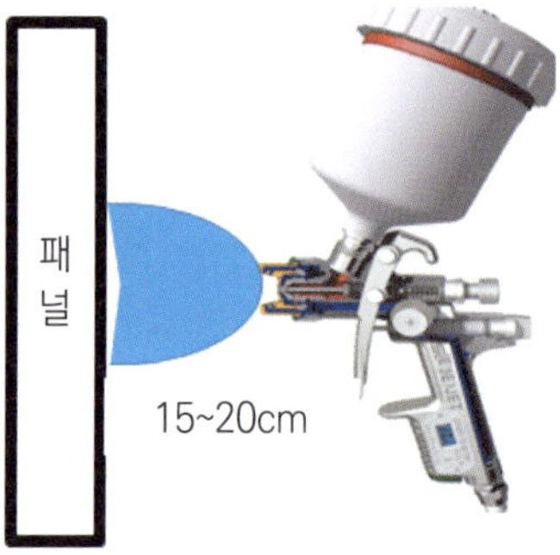 |

## [6] 도장 순서(전체 도장할 경우)

보수도장에서 전체 칠을 할 경우 한 사람이 작업을 하는 경우가 일반적이다. 패널의 도장순서가 맞지 않을 때 도장해야 할 패널에 날림 칠이 발생하며, 인접 패널을 도장할 경우 날림 칠(먼지, 이물질) 많으며 이것을 방지하기 위하여 패널의 도장 순서를 숙지하여 공정 순서에 맞게 작업하는 것이 좋다.

재도장을 위해 추천되는 도장순서는 건도막을 방지하고, 후방 부위 패널 작업시 건도막 형성(날림 도료 부착)을 예방하기, 숨기도장(블랜딩 도장) 시너를 사용하거나 지건용 시너를 사용한다.

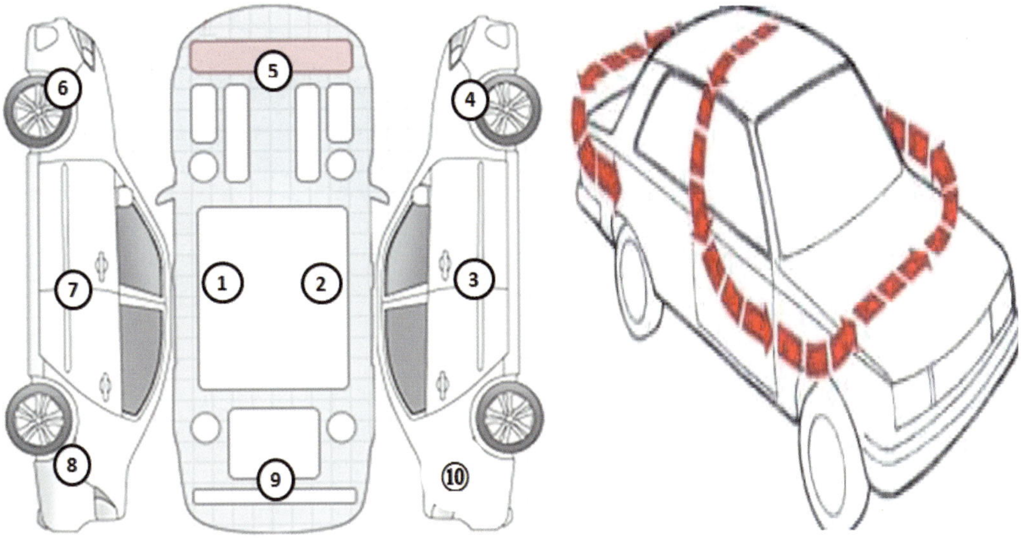


그림 4-10 패널 도장순서

## [7] 스프레이건 관리

스프레이건에서 문제가 발생할 때 작업자의 기술력과 관계없이 도장결함으로 이어지며, 관련된 수공구와 스프레이건, 장비 상태를 점검 방법에 따라 주기적으로 정비를 해야 한다. 특히, 스프레이건의 관리가 잘못되었을 경우 여러 가지 문제점을 일으킬 수 있다.

### (1) 윗부분과 아랫부분이 볼록한 패턴

① 원인은 구경이나 에어 갭의 오염 혹은 손상의 경우이다.

② 조치 사항은 에어캡을 180° 회전하여 스프레이 패턴을 점검하고 원인을 확인한다.

③ 필요하다면 에어캡 등 스프레이건 구경을 깨끗하게 세척하고, 점검 후 부품을 교환한다.

그림 4-11 스프레이건 문제점(위, 아래 볼록형 패턴)

(2) 중앙 부분이 볼록한 패턴

① 원인은 에어 및 도료량 설정이 불량한 경우 및 기타 점도와 스프레이건 조절

② 조치 사항은 점도가 높은 경우는 희석제로 희석할 것

③ 유체속도가 높음 - 속도를 감소(도료 패턴, 에어 조절나사)

④ 공기압이 낮은 경우, 압력을 증가시킴, 또한 노즐 구경이 넓음

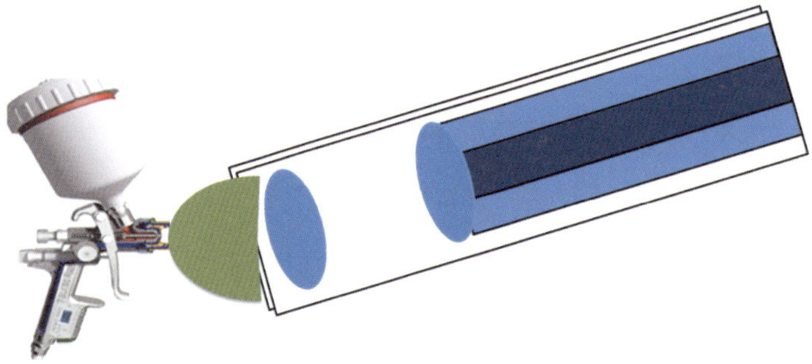

그림 4-12 스프레이건 문제점(볼록형 패턴)

(3) 아령 모형의 패턴

① 원인은 사용되는 도료보다 공기량이 많은 경우이다.

② 조치 사항은 조절기 압력을 감소한다.

③ 패턴 조절나사로 패턴 크기를 바꾸거나 조절나사를 열어서 유체의 흐름을 좋게 한다.

④ 공기압력 조절나사로 같이 조절하며 문제를 해결한다.

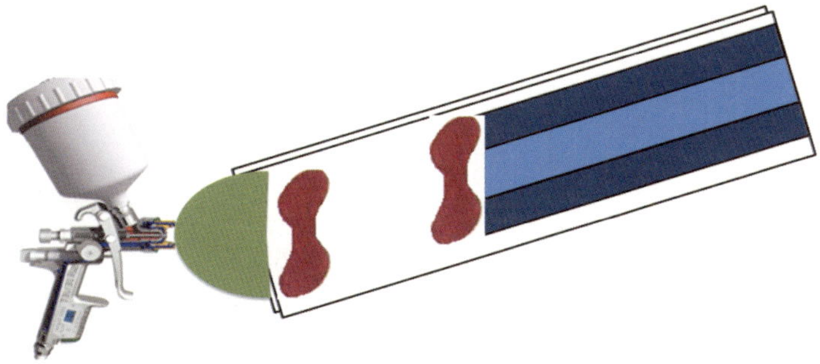

그림 4-13 스프레이건 문제점(아령 패턴)

(4) 이중아령 패턴

① 원인은 사용되는 도료보다 공기량이 많은 경우이다.

② 조치 사항은 패턴 조절나사로 크기를 바꾸거나 조절나사를 열어서 유체의 흐름을 좋게 한다.

③ 공기업 조절나사로 조절하며 공기압을 낮추며 분무 상태를 확인한다.

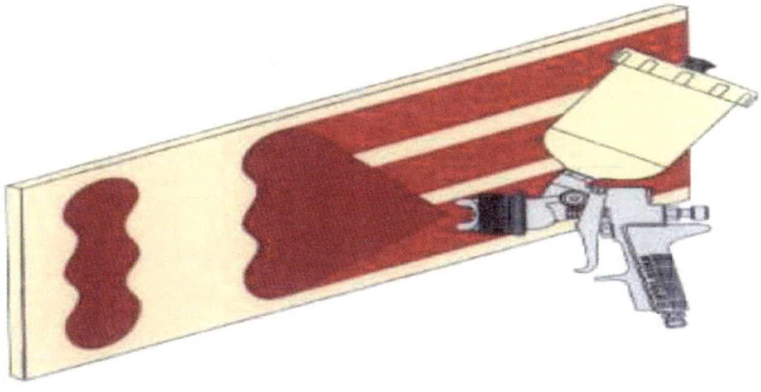

그림 4-14 스프레이건 문제점(이중아령 패턴)

(5) 양쪽 끝이 둥근 패턴

① 원인은 분사되는 도료량이 많은 경우이다.

② 조치사항은 구경을 작은 사이즈로 교체한다.

③ 손잡이 조절관을 이용하여 도료 흐름 양을 감소한다.

④ 패턴 조절나사를 이용하여 패턴 사이즈를 줄이면서, 동시에 공기량을 같이 조절하며 패턴을 확인한다.

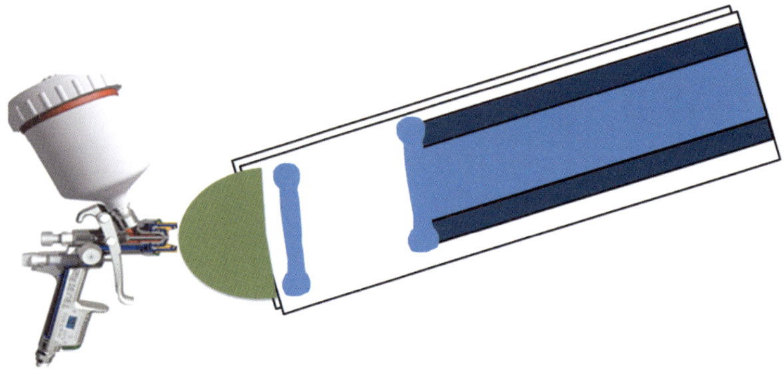

그림 4-15 스프레이건 문제점(양쪽 끝이 둥근 패턴)

### [8] 수용성 칼라 종류별 스프레이건 사용법

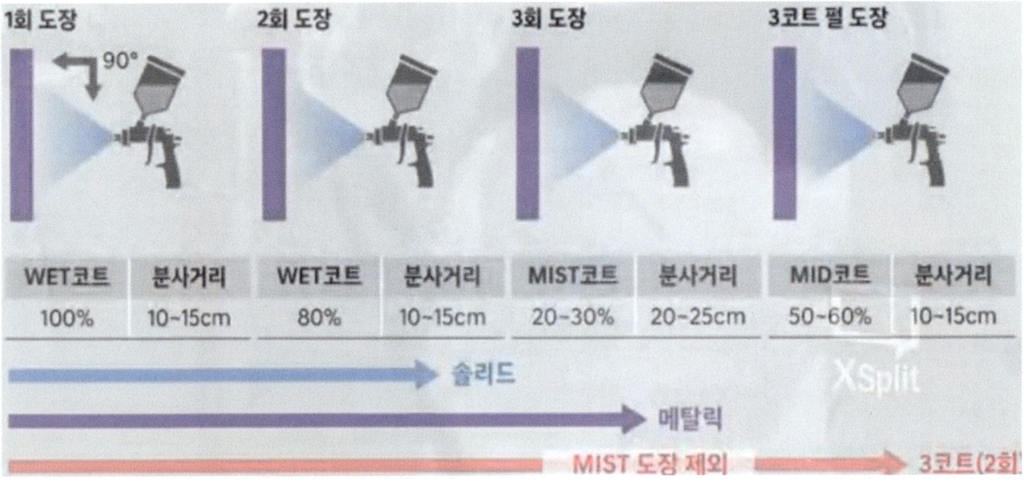


그림 4-16 수용성 칼라 종류별 스프레이건 사용법

## 2.3 플라스틱 프라이머 도장 작업

프라이머 중에서 범퍼 및 몰딩과 같은 플라스틱 제품을 칠할 때 사용하는 프라이머를 플라스틱 전용 프라이머라 한다. 철판이나 아연도금 강판과 알루미늄에 적용하는 프라이머와는 달리 플라스틱에 적용하는 프라이머는 도료와 범퍼 등의 부착력을 높이고, 정전기를 방지해 주며, 상도 도료의 점착성을 더욱 높여 준다.

### 2.3.1 작업 방법

#### [1] 물로 세정한 후 탈지제로 다시 탈지한다.

범퍼에 묻은 오염물이나 유분과 같은 왁스 성분은 탈지제를 이용해 깨끗하게 제거한다. 신품이라도 운반 중에 찌그러짐이나 생채기 등이 발생할 수 있으며, 고운 연마지(P600)로 가볍게 연마 후 플라스틱 전용 프라이머로 칠한다.

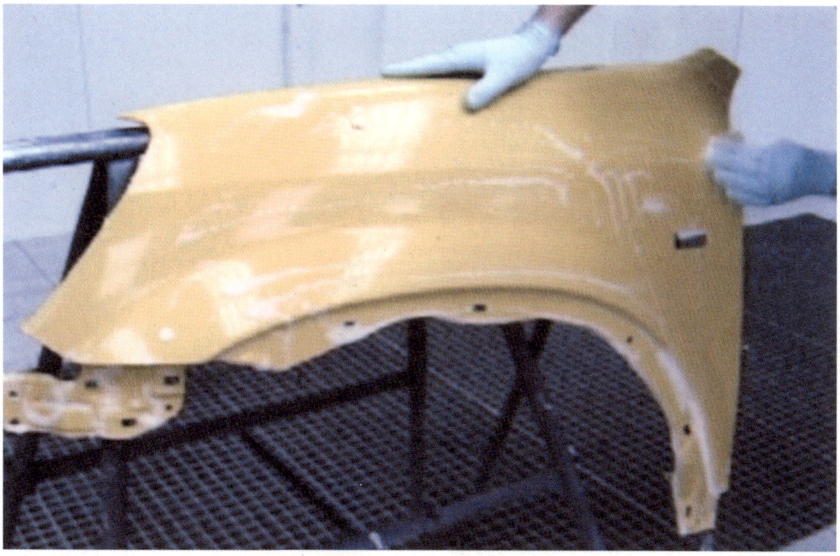

그림 4-17 물과 비누로 세정 작업

#### [2] 플라스틱 전용 프라이머를 준비한다.

작업성을 향상하기 위해 사용하는 플라스틱 전용(범퍼 및 몰드류) 프라이머는 1액형이며 범퍼 및 몰드류(사이드 몰딩, 가니쉬 등)는 전용 스프레이건을 지정하여 사용하면 효과적이다.

(a) (b)

그림 4-18 플라스틱(범퍼) 프라이머

### [3] 플라스틱 프라이머로 도장한다.

플라스틱용 프라이머는 점착성을 증진하기 위한 목적으로 균일하고 얇게 칠하는 것이 중요하며 도장 횟수는 1회 도장을 추천한다.

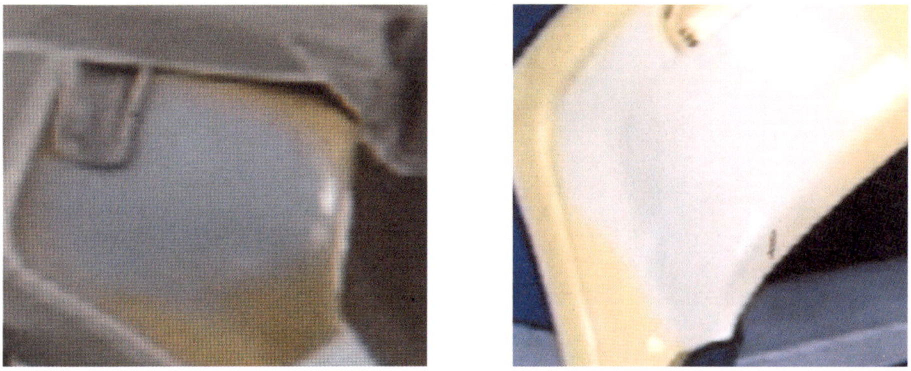

(a) (b)

그림 4-19 플라스틱 프라이머 도장 작업

플라스틱 전용 스프레이건을 지정하여 프라이머를 항상 담아 두었다가 필요시 사용하고, 플라스틱 프라이머 사용 후 시간이 지나도 자체적으로 경화되지 않아 세척하지 않아도 되는 이점이 있어 작업상 편리하다.

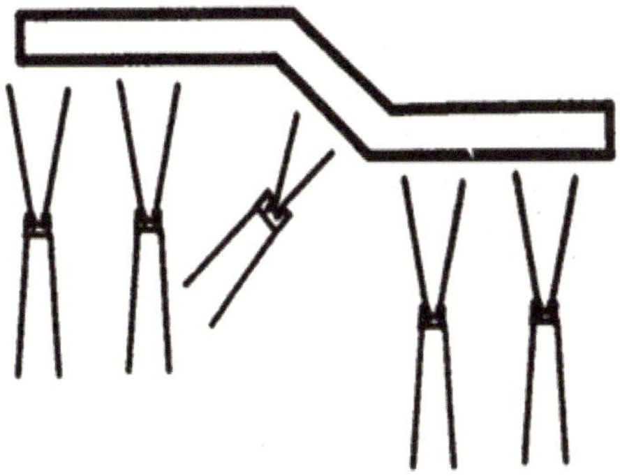

스프레이건과 수직이 되도록 한다.

(a)

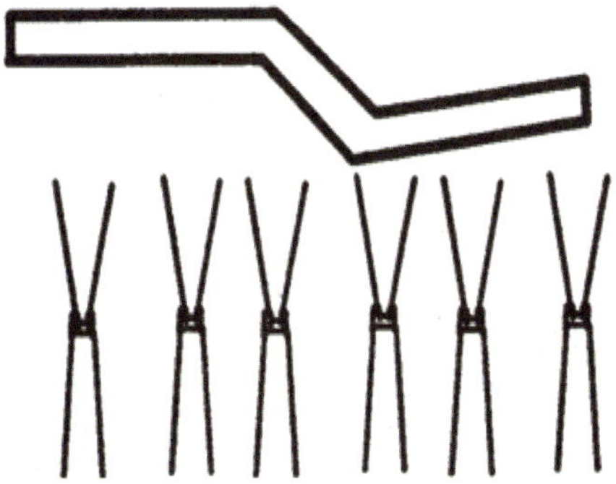

우측이 좌측보다 두껍게 되며 흐름이 발생할 수 있다.

(b)

그림 4-20 스프레이건의 운행

## 2.4 스프레이건 세척 방법

① 분사 노즐부에 세척 수건을 대고 분사시켜 파이프 내의 도료가 역류하여 내부로 들어가게 한다.

그림 4-21

② 도료 컵을 분리하여 스프레이건 세척용 솔을 이용하여 내 · 외부를 청소한다.

그림 4-22

③ 깨끗한 시너를 그림과 투입하여 분사시켜 파이프 내부의 도료를 세척하고 1번과 같이 작업을 반복하여 파이프 내의 도료와 시너를 제거한다. 이와 같은 작업을 2~3회 반복한다.

그림 4-23

④ 스프레이건 세척용 솔을 이용하여 내 · 외부를 깨끗이 청소한다.

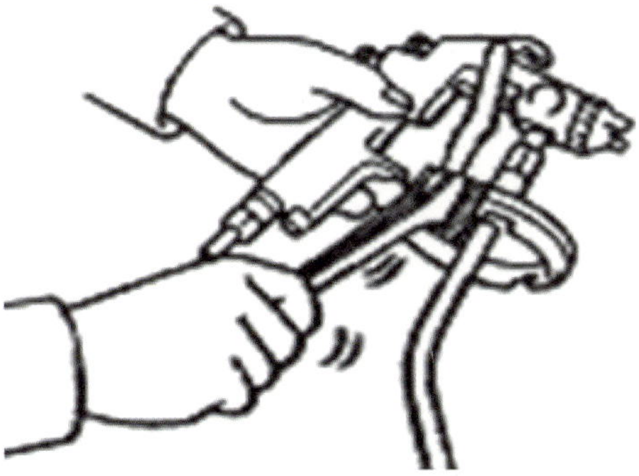

그림 4-24

⑤ 에어 캡을 분해하여 붓으로 깨끗이 청소한다.

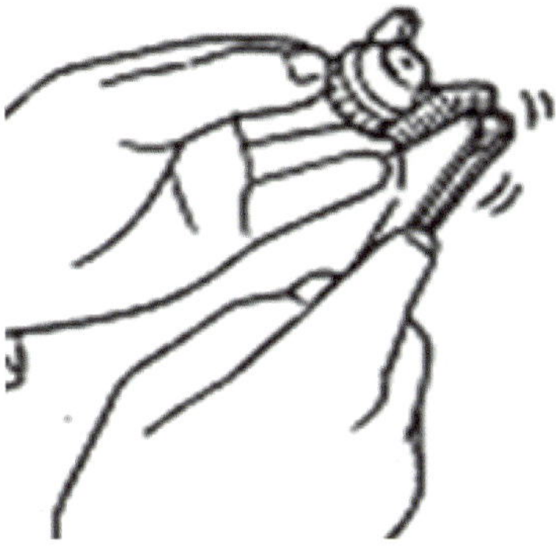

그림 4-25

⑥ 분사노즐을 깨끗이 청소한다.

그림 4-26

도장이 끝나면 스프레이건을 바로 씻어야 한다. 도장 후 스프레이건을 방치하면 스프레이건의 캡, 노즐, 파이프, 컵 등 잔여 도료가 굳어 스프레이건의 고장 원인이 되므로 주의해야 한다.

(a)

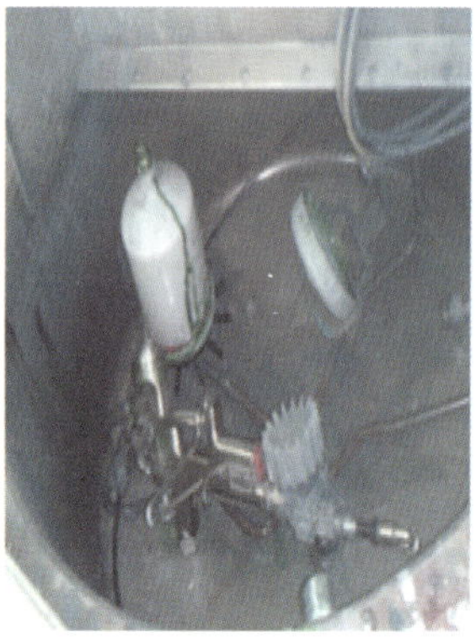
(b)

(c)

그림 4-27 스프레이건 세척기를 이용한 방법

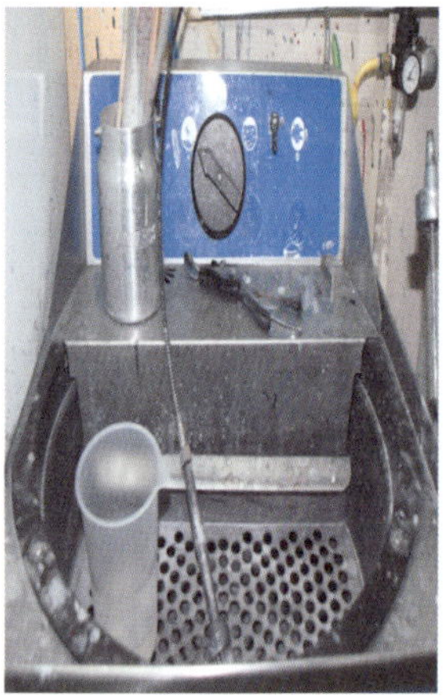
(a)

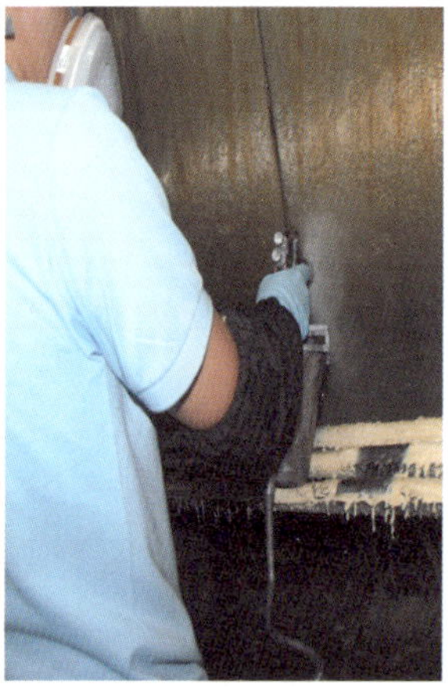
(b)

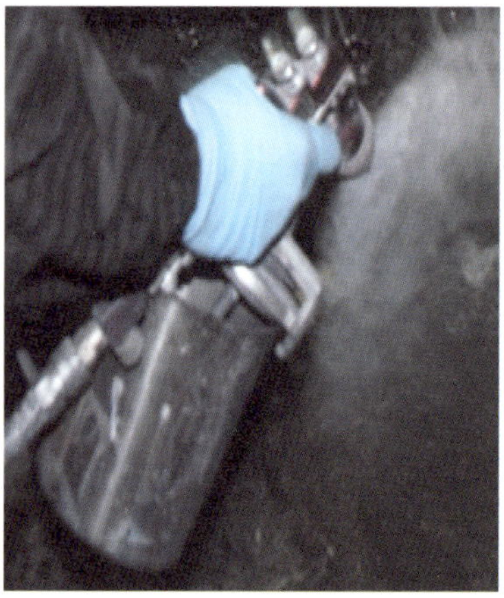
(c)

그림 4-28 세척용 솔 및 세척 건을 이용한 스프레이건 세척

MEMO

# 마스킹

# 05

CHAPTER 05

# 마스킹

**학습목표**

1. 일반적인 마스킹 방법을 할 수 있다.
2. 유형별 마스킹 작업을 할 수 있다.

## 1 마스킹

**학습목표** 마스킹 방법을 할 수 있다.

마스킹이란 도장을 하기 전에 전면 유리 등 탈착되지 않은 플라스틱류 및 램프류 그밖에 몰딩류 등을 도장 작업으로부터 보호하는 것을 말한다. 도장을 해야 하는 패널 이외의 제품은 도료의 날림이나 페인트가 묻지 않도록 마스킹 비닐이나 종이와 테이프를 이용하여 포장해야 한다.

대부분의 마스킹 작업은 차체에 패널이 장착된 상태에서 이루어지며 패널 교환을 위해 탈착되었거나 교환패널의 도장 작업은 마스킹 작업을 하지 않는다(범퍼 단품 도장 등). 도장공정에 따라 하도, 중도, 상도 공정은 명확하게 재료와 작업 방법이 구분되어 있으나 마스킹 작업은 하도 공정, 중도 공정 및 상도 공정 그리고 마무리 공정까지 그 작업 범위가 넓으며 마스킹 작업성에 따라 도장 품질에 직접적인 영향을 미친다. 마스킹 작업 전 세정 작업을 한다. 마스킹할 패널에 이물질이나 유분이 있으면 마스킹 테이프의 점착성이 떨어져 도장결함이 발생한다.

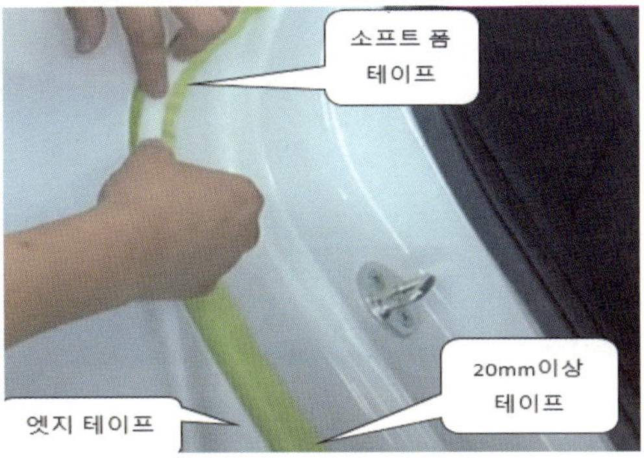


그림 5-1 엣지 테이프, 폼 테이프, 일반 테이프 마스킹

먼저 패널과 패널 사이 엣지 부분의 마스킹을 진행하고, 패널 또는 문 패널은 안쪽 내부 먼저 마스킹을 진행하며 1/3 정도 접히는 엣지 테이프 툴을 이용하여 가장자리 끝단에 맞추어 가볍게 부착시킨다. 이때 중요한 팁은 테이프를 강하게 당겨서 부착할 때 테이프가 팽창하여 패널과 테이프가 들뜨는 현상으로 점착성이 약해지므로 강하게 당겨서 부착하지 않고 가볍게 붙여야 테이프가 패널과 뜨지 않도록 작업하는 것이 중요하다.
엣지 테이프를 사용하는 이유는 도장면과 마스킹 부위 사이에 도장경계층(턱)이 발생하거나 이물질이 침투되어 도장결함이 생기지 않고 자연스럽게(그러데이션) 도장될 수 있도록 사이를 띄어 마스킹을 진행한다.
패널 경계 부분의 마스킹은 기본적으로 소프트 폼 형태의 마스킹 테이프를 사용하는 경우, 테이프 끈적임 때문에 도장시 이물질이 부착되어(뭉침이 생긴다) 후처리가 필요하며, 엣지 테이프로 작업하는 것이 효율적이다.
곡면 패널 부분의 엣지 테이프 마스킹은 곡선 라인에 따라 마스킹 테이프를 살짝 찢어서 붙이면 깔끔하게 작업이 가능하다. 엣지 테이프 마스킹 작업 후 엣지 테이프가 뜨는 것을 방지하기 위해 20mm 이상의 테이프를 이용하여 한 번 더 엣지 테이프와 겹쳐

밀착하여 마스킹 작업을 한다. 자동차 부분(블록도장) 도장 시 카바 링 테이프를 이용하여 전차 마스킹(전체 마스킹) 후 도장 부분만 커터 칼로 절단하고, 절단 부분 테이핑 작업으로 마스킹 작업을 마무리한다.

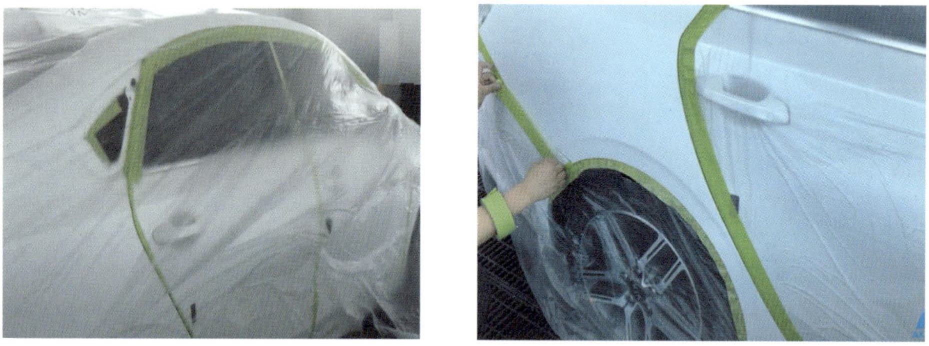

그림 5-2 커버링을 이용한 전차 마스킹

도장 작업의 공정별 작업시간은 표면 처리 및 연마 작업(30%), 마스킹 작업(30%), 페인팅 작업(10~20%) 프라이머 작업(10%) 버핑 및 마무리 작업(5~15%) 기타(5%)이다. 마스킹 작업은 연마 작업과 함께 도장공정에 있어 매우 중요한 과정임을 알 수 있다.

## 1.1 마스킹 테이프의 요구조건

마스킹 테이프는 다음과 같은 요구조건을 가지고 있어야 도장 품질을 항상시킬 수 있다.

### [1] 페인트의 침투를 막을 수 있어야 한다.

마스킹 테이프는 마스킹한 부분과 도료가 도포되어야 부분의 경계 부위의 시너에 의한 용재가 침투하여 테이프 아래의 구도막에 용재로 침해되어 도막 결함의 원인과 경계라인이 불규칙하게 변형되면 도장 품질에 영향을 주기 때문에 용재의 침투를 방지하는 성질을 가지고 있어야 한다.

또한, 마스킹 테이프를 작업한 부분에 도장시 한 번에 많은 양의 도료를 칠할 때 시너의 양이 많아 마스킹 경계 부위에 시너가 침투할 우려가 있으므로 1회 도장시 얇게 도장하는 것이 중요하다.

(a)

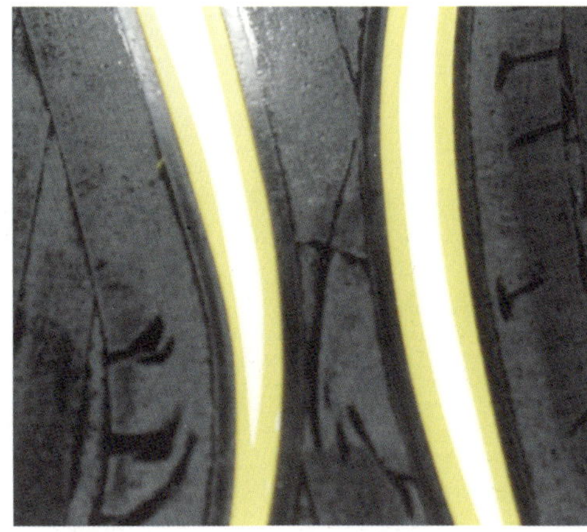

(b)

그림 5-3 시너 침투에 의한 마스킹 자국

### [2] 마스킹 테이프는 유연성이 있어야 한다.

마스킹 테이프가 필요 이상 두꺼운 경우 뻣뻣하여서 접착 작업이 불편하며, 패널 형상에 따라 붙이는 곡면 마스킹할 때 테이프가 유연하여 작업성이 우수해야 한다. 스카치 비닐 테이프와 같이 테이프 강도가 크고 딱딱한 경우 곡면 테이핑이 어려우며 접착 유지력이 떨어져 도장결함으로 이어진다.

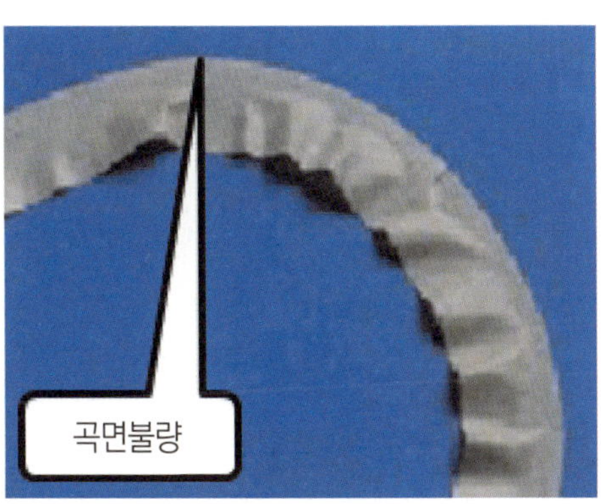


(a)

(b)

그림 5-4 곡면 마스킹 작업

### [3] 작업 용도에 따라 마스킹 테이프를 선택하여 작업한다.

마스킹 테이프의 경계 부위는 라인(경계) 마스킹 테이프를 사용하고, 문과 문 사이의 공간이 큰 경우(스펀지 마스킹 테이프)와 테일 게이트 부위는 두꺼운 마스킹 테이프 등을 사용해야 한다.

그림 5-5 작업 공정별 마스킹(스펀지, 비닐 커버링, 라인) 테이프

## 2 유형별 마스킹 작업

학습목표 : 유형별 마스킹 작업을 할 수 있다.

### 2.1 마스킹 테이프의 종류

#### 2.1.1 종이 테이프

마스킹 접착 테이프는 마스킹 페이퍼의 고정용으로서 일반적으로 널리 사용되고 있다. 자동차 보수용 종이로 열과 내용제성(시너에 녹지 않는)이 있고, 떼어낸 후에 점착제가 패널에 남지 않도록 설계되어 있다.

### 2.1.2 천 테이프

퍼티, 프라이머 서페이서, 구도막의 표면 등의 연마 작업 시 경계 부위의 패널과 부품 등에 스크래치가 생기지 않도록 샌딩작업 전에 작업한다.

### 2.1.3 플라스틱 테이프

비닐 테이프나 엣지 테이프, 라인 테이프라고도 하며, 테이프 경계라인이 깔끔하고 보풀이 생기지 않으며 색이 구분되어 도장하는 2톤 칼라나 3톤 칼라에 적합하고 커스텀 도장과 같은 칼라 도안 도장에 사용된다.

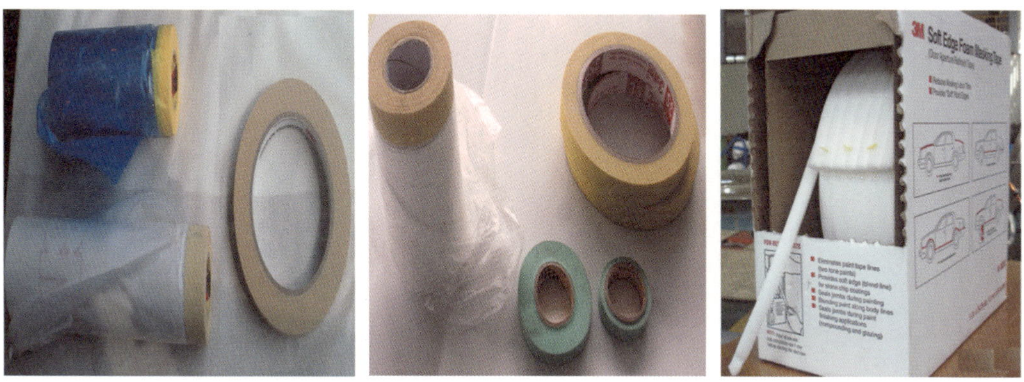


(a) (b) (c)

**그림 5-6** **공정별 마스킹 테이프**

### 2.1.4 양면 테이프

테이프의 양쪽으로 접착할 수 있는 테이프로서 손이 들어가기 어려운 좁은 부분 등에 사용하면 효율적으로 마스킹을 할 수 있다.

## 2.2 일반 마스킹 작업

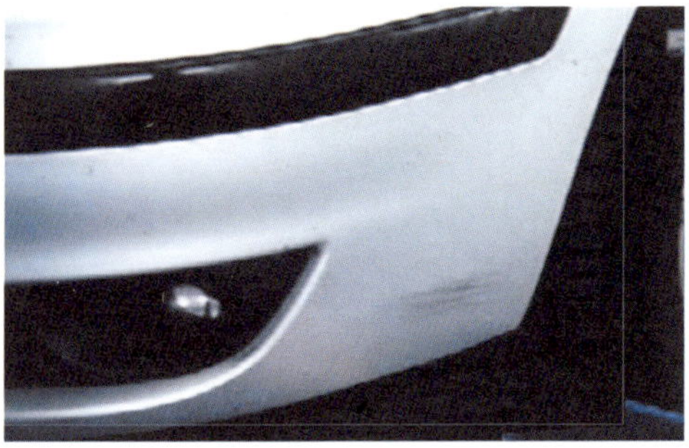

(a)

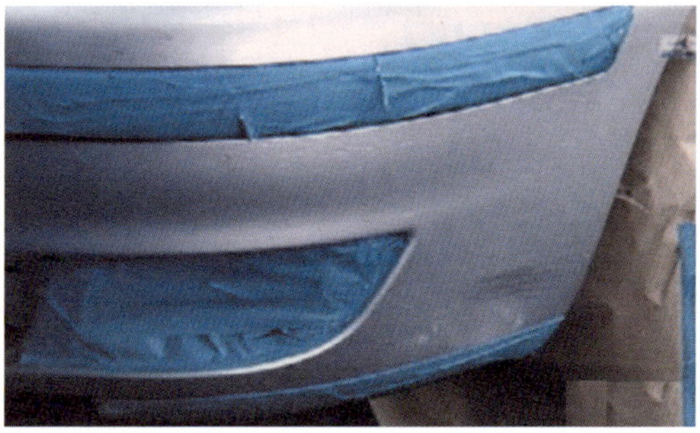

(b)

그림 5-7 일반 마스킹 작업

칠할 부위의 경계 부분에 마스킹 테이프가 직접 맞닿는 상태로 마스킹하는 방법을 말하며 대부분의 일반적인 마스킹 방법을 많이 사용한다. 일반 마스킹 작업할 때 마스킹 테이프와 종이를 같이 사용하면 도장 품질에 영향을 미칠 수 있기 때문에 효율성을 높이기 위하여 편리 기구인 마스킹 디스펜서를 사용하기도 한다.

## 2.3 역 마스킹 작업

역 마스킹이란 페인트가 묻는 경계 부위를 그라데이션(gradation)처럼 점점 차차 진하게 또는 여리게, 만들기 위하여 그림과 같이 종이를 역으로 마스킹하여 마무리 하는 방법이다.

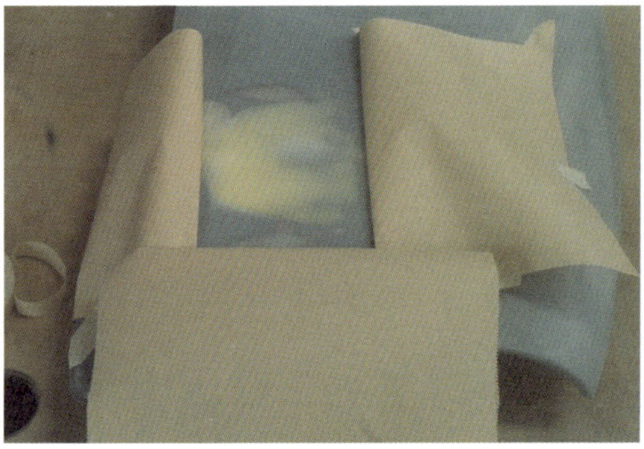

(a)

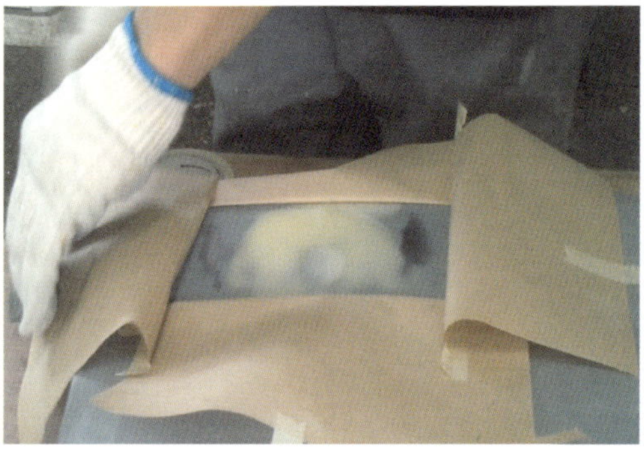

(b)

그림 5-8 역 마스킹 작업

일반 마스킹이 작업은 블록(도어패널, 범퍼 등)과 블록의 경계 부위에서 이루어진다. 즉 블록 도장은 도장 면과 마스킹 부분(칠하지 않은 면)의 경계가 확연하게 표시된다. 그러나, 역 마스킹 작업은 뒤 휀다와 루프 패널 등과 같이 분해되지 않는 패널(화이트 바디)의 경계 부위에 사용하며 도장 면과 도장하지 않은 면의 경계 부분을 그러데이션 처리를 통하여 자연스럽게 경계 부위가 나타나지 않도록 역 마스킹 작업을 한다.

## 2.4 터널 마스킹 작업

터널 마스킹은 표현 그대로 마스킹 형태를 터널 모양으로 만드는 것이며 쿼터 패널을 교환하는 작업의 경우, 쿼터 패널과 천장 패널 사이의 좁아진 패널 부위를 터널 형태로 마스킹하는 방법으로 종이를 터널 모양으로 마스킹을 만들어 도장공정에서 경계 부분을 그러데이션 처리로 도장한다.

## 2.5 차량 마스킹 작업

차량의 우측 뒤 휀다와 우측 도어를 부분도장(블록 도장)을 하기 위해 전차 마스킹(차량 전체를 마스킹한다)을 작업한다.

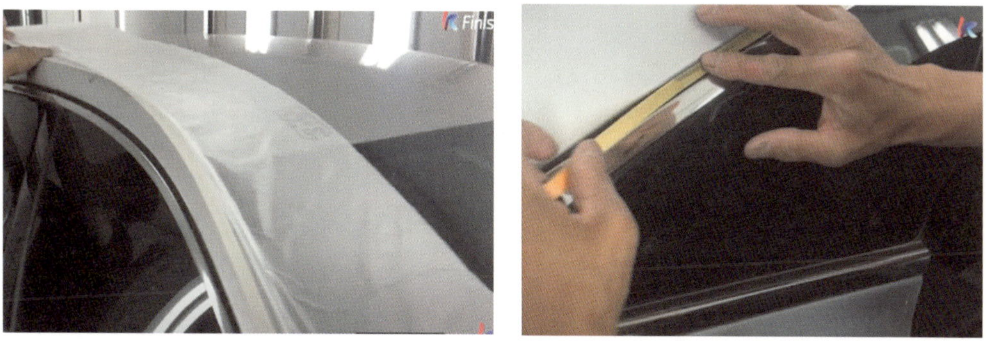

그림 5-9 카바링 테이프와 엣지(라인테이프) 테이핑 작업

차량의 절반 부분을 카바링 테이프(마스킹 테이프와 비닐이 일체로 된 제품)로 마스킹 작업을 하면 간단하게 차량 절반을 마스킹할 수 있다. 뒤 휀다와 뒤 도어 부분을 마스킹할 때 유리 부분을 일반 마스킹 테이프로 마스킹 작업 후 카바링 테이프로 마스킹 작업으로 마무리한다.

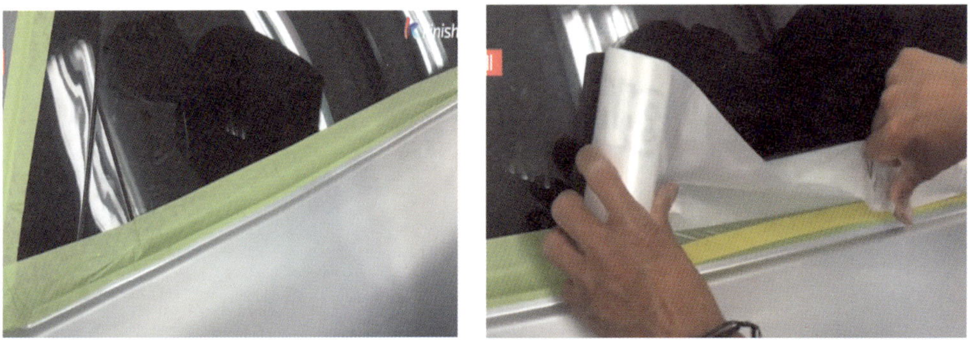

**그림 5-10** 도어 유리 부분 마스킹 작업

MEMO

# 중도 도장

06

CHAPTER 06

# 중도 도장

**학습목표**

1. 프라이머 서페이서를 알 수 있다.
2. 프라이머 서페이서의 적용부위를 알 수 있다.
3. 프라이머 서페이서를 도장할 수 있다.

## 1 프라이머 서페이서(Primer Surfacer)

**학습목표** 프라이머 서페이서를 알 수 있다.

### 1.1. 프라이머 서페이서의 개요

프라이머의 주요 기능은 페인트 접착력 강화, 금속 부식 방지, 표면 평탄화, 그리고 하도와 상도 사이의 색상 조화를 제공하며, 프라이머는 금속 철판과 페인트 사이의 강력한 접착을 돕고, 녹을 방지하여 도장 수명을 연장하며, 표면의 작은 흠집을 메워 매끈한 마감을 가능하게 한다. 서페이서는 퍼티 도막의 연마 자국과 요철을 메우고 덮어 표면을 평탄하게 만들고, 상도 도료가 퍼티에 녹아 발생하는 도장결함(리프팅 현상)을 막는 역할을 하는 중도 도료이다.

프라이머 서페이서(Primer Surfacer)는 프라이머와 서페이서 기능을 동시에 가지며 기능성과 작업성이 유리하며, 하도와 상도의 중간에 위치하고, 서로 다른 기능과 역할을 담당하기 때문에 보수도장공정에서 대부분 사용된다. 신차 생산 공정은 하도 공정(Primer)과 중도(Surfacer) 공정을 구분하여 작업한다.

## 1.2 프라이머 서페이서

### 1.2.1 프라이머 서페이서의 목적

보수도장에서 요구하는 ① 기준 도막을 형성(새 교환 부품인 경우), ② 상도도막에 대한 평활성 및 층간 부착력을 강화, ③ 연마작업으로 맨 철판 부분에 내(耐)부식성을 증가시켜 준다.

#### [1] 기준 도막을 형성한다.

신품 패널로 교환할 때 패널에 하도(Primer) 도장되어 공급되므로 중도 공정인 프라이머 서페이서를 도장하지 않은 채 색상과 투명 도료를 도색할 경우 패널 전체의 도막 두께가 얇아 정상적인 도막 성능을 발휘하기 어려워진다. 따라서 일정한 기준 도막을 형성하여 도막 기능을 확보하고 유지한다.

#### [2] 상도 도막에 대한 평활성 및 부착력을 향상시킨다.

보수도장공정에서 퍼티 작업 후 상도 작업시 하도인 퍼티와 경계부분의 도막이 상도의 물성을 흡수하여, 점착성이 나빠지며, 이색현상 및 광택도 저하 등 도장결함이 발생한다. 따라서 퍼티 도포 후, 프라이머 서페이서를 도장하여 차단막을 형성하고 평활성을 주며, 상도도막의 부착력을 향상시킨다.

#### [3] 내(耐)부식성을 증가시킨다.

교환 부품을 연마하거나 기존 패널을 판금하고 손상 부위를 연마할 때 맨 철판이

드러나는 경우가 있으며, 철판이 드러난 상태로 상도 베이스 및 투명 도장 작업시 미세한 턱이 발생하거나, 지지미(도료가 부풂 현상)가 발생한다, 이러한 현상을 방지하고 철판의 녹(산화) 발생을 억제시킨다. 철판의 노출 시 프라이머 서페이서를 도장하여 철판의 내부식성을 증가시킨다.

### 1.2.2 프라이머 서페이서의 기능

프라이머 서페이서 도료는 하도와 중도의 기능을 가진 도료로써 철판 면에는 하도(방청, 기준 도막) 기능을 상도면에는 중도 기능(중간 도막 형성)을 부여하도록 설계된 도료로 ① 부식방지 기능, ② 퍼티나 굵은 연마자국을 메워주는 메꿈 기능, ③ 층간 부착력을 부여하는 부착력 향상 기능, ④ 운행 중 모래나 돌멩이가 튀어 도막이 벗겨지는 것을 방지하는 완충 기능, ⑤ 상도도료의 외력에 대한 저항력 향상 기능이 있다.

#### [1] 부식 방지 기능

프라이머 서페이서는 철판의 부식을 억제하는 방청안료가 포함되어 있어, 녹을 방지하며, 워시 프라이머와 서페이서의 역할을 하며, 작업공정을 단축시킬 수 있는 기능성 됴료이다.

#### [2] 메꿈 기능

퍼티기공을 메워주기 위해 2차 마무리(레드퍼티) 퍼티 작업으로 100% 메워지기는 어려우며, 필러 제품을 사용하기도 하며, 이 미세한 기공을 메우기 위해 프라이머 서페이서 도장이 효과적이다. 미세한 다단 나추기, 미세 굴곡 부분을 서페이서의 유막을 형성하여 평활성을 주기 위한 메꿈 기능을 할 수 있다.

#### [3] 부착력 향상 기능

프라이머 서페이서를 도장한 패널과 도장하지 않은 패널 부착력과 후속 도장의 점착 성능에 차이를 보인다. 맨 철판 및 퍼티 작업 부분은 프라이머 서페이서 도장 후 상도작업 시 도막 상호 간의 부착력 등 내구성이 향상된다.

### [4] 충격 완화 기능

서페이서 도막은 차량의 고속주행시 작은 모래나 돌가루로 인한 후드 및 범퍼가 벗겨지는 치핑현상(도막이 벗겨지는 현상)을 방지할 수 있으며, 외력에 대한 충격 완화와 벗겨진 도막 주변의 녹 발생을 방지할 수 있다.

### [5] 상도 외관 향상 기능

판금에 의한 거친 연마 자국, 스크래치가 있는 구도막, 다공질성인 퍼티에 의한 도막 등 패널 주변이 팽윤되거나 도막의 수축과 팽창으로 인해 외관이 나빠지고 주름, 이색현상 등이 발생하는 것을 방지하려면 반드시 서페이서를 적용하여 외관을 향상시킨다.

# 2 프라이머 세페이서 작업

**학습목표** 프라이머 서페이서의 적용부위를 알 수 있다.

## 2.1 맨 철판 작업

굴곡된 패널의 판금 작업시 그라인더와 같이 물리적인 방법으로 맨 철판이 드러나는 경우와 리무버를 이용하여 구도막을 화학적인 방법으로 제거하는 경우가 있으며, 이러한 맨 철판이 노출될 경우 부식 방지처리를 해야 한다. 철판 부분을 연마(사포)한 후 단시간 내에 프라이머 서페이서를 도장해야 한다. 맨철판에 상도 도료를 도장하면 시간 경과에 따라 도막 내부에서 녹이 슬어(산화되어) 도막을 밀어 올리는 블리스터 현상이 발생하여, 철판 면이 드러난 부분은 부식 방지처리를 위한 프라이머 서페이서를 도장해야 한다.

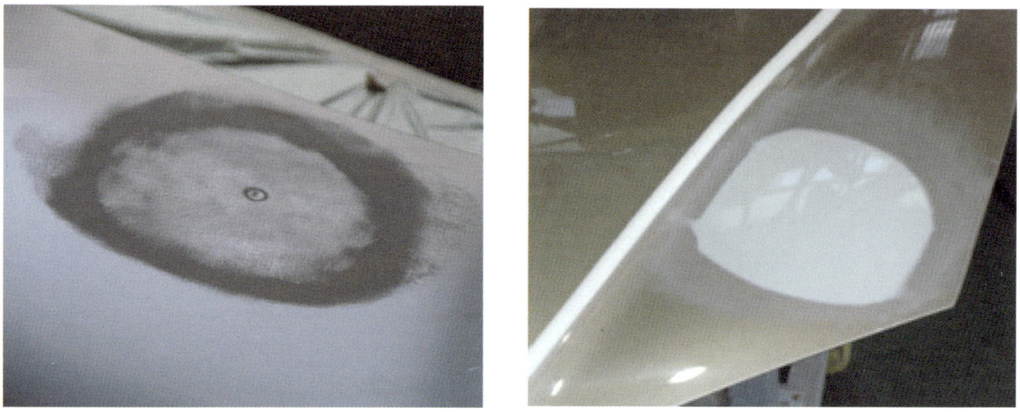

(a) (b)

그림 6-1 맨 철판 위에 서페이서 적용

## 2.2 퍼티 면의 서페이서 도장

퍼티는 철판 면과 구도막 사이의 굴곡면을 평활하게 만들거나, 오목한 부분을 메우는데 사용하며, 패널 표면을 평활하게 연마하고, 퍼티 표면은 작은 기공들이 발생하는데 이러한 표면은 프라이머 서페이서 도료의 도막으로 미세한 기공이 없는 평활한 표면을 확보할 수 있다.

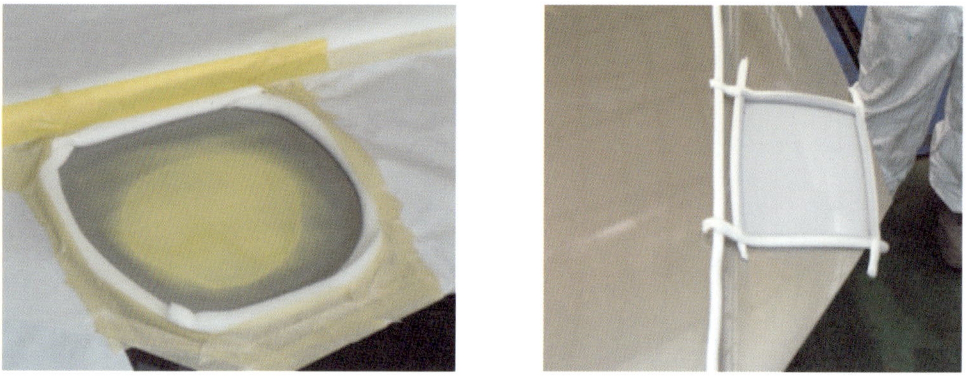

(a) (b)

그림 6-2 퍼티 도막 위에 서페이서 적용

## 2.3 래커계(1액형) 도막에 서페이서 도장

래커계 도료는 용제가 증발하면서 도막(자연 건조형)이 형성된다. 완전 건조 후 베이스 색상 도장을 할 경우에 용재(시너)의 침투로 쉽게 도막이 팽윤, 또는 주름 현상이 발생할 가능성이 매우 높다.

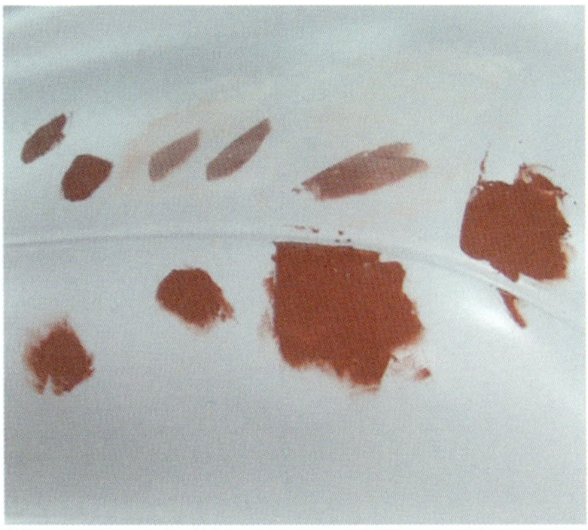

(a)

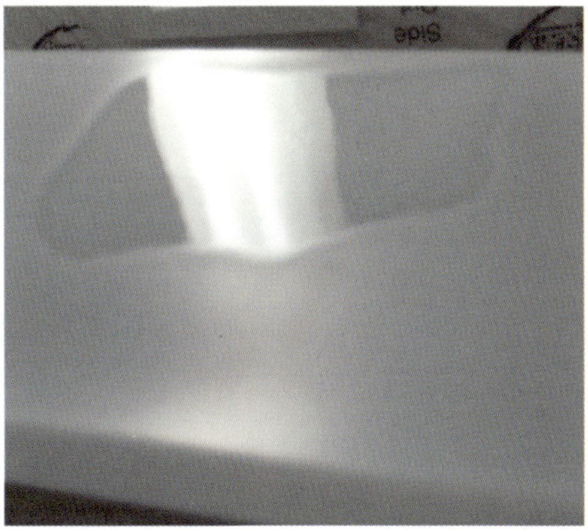

(b)

그림 6-3 래커 도막(락카계 퍼티 포함) 위에 서페이서 적용

따라서 도막 위에 상도 도장 과정에서 하도 도막에 시너 성분이 스며들지 않도록 래커계 도막 위에 프라이머 서페이서를 도장하여 차단막 기능을 부여한다.

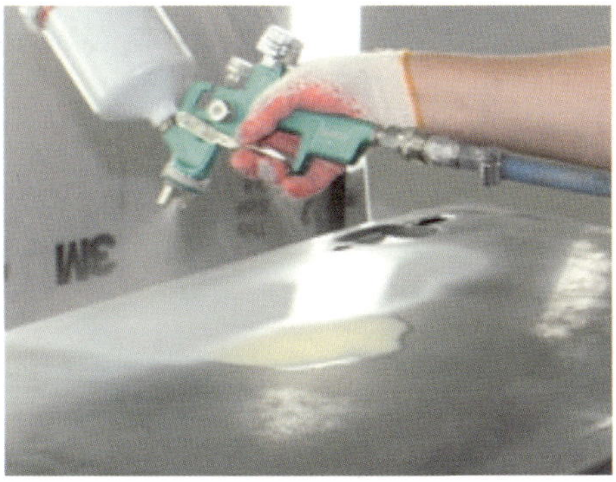

(a)

(b)

그림 6-4 서페이서 도장 후 퍼티자국(1회 다량 분사)

래커 도막 위에 프라이머 서페이서를 적용할 때 시너(희석제)의 양을 과다하게 희석하지 않도록 해야 하며, 한 번에 두껍게 도장하면 구도막이 팽윤되거나, 녹아 도막결함이 발생한다. 래커계 도장막을 녹이지 않도록 얇은 도장과 건조, 2차로 얇은 도장과 건조, 도막 상태에 따라 3차 얇은 도막과 건조 순으로 도장 방법이 필요하다.

## 2.4 신품 패널에 적용

신품 패널은 전착도막(도막두께 : 약 20~25m) 상태로 공급되며, 연마 작업시 철판이 드러나지 않게 P600 이상의 고운 연마지를 사용한다. 프라이머 서페이서를 도장하여 적당한 도막을 형성시켜 외력에 대한 충격 완화와 철판의 내부식성을 확보한 후 상도 도장을 한다.

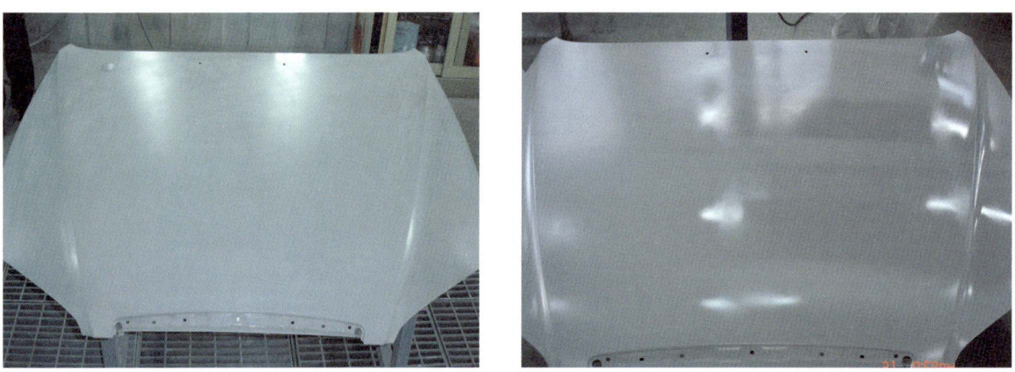

그림 6-5 신품 패널 위에 적용

## 3 서페이서 도장

**학습목표** 프라이머 서페이서를 도장할 수 있다.

### 3.1 신(新) 교환 부품(패널전체) 도장

새 패널에 상도 도료를 적용할 경우 철판면의 내부식성이 떨어져 녹이 내부에서 발생하여 도막을 뚫고 부풀어 오르는 현상이 발생하므로 반드시 교환 부품을 도장할 경우 프라이머 서페이서를 도장하여 기본적인 기준 도막을 형성한 후 상도 도장으로 좋은 외관을 형성할 수 있도록 해야 한다.

#### [1] 작업준비를 한다.

① 더블액션 샌더(DAS), 탈지제, 종이 타월, 연마지 P400, P600

② 부직포, 목장갑, 내용제성 장갑, 일회용 비닐장갑

③ 세척시너, 마스크(분진), 작업복

#### [2] 신품 패널을 탈지제로 깨끗하게 닦는다.

신품 패널은 유통 과정에서 유분 및 이물질 등 오염될 경우가 있으므로 탈지 작업을 해야 한다.

#### [3] 고운 연마지로 전착면을 연마하고 탈지한다.

P400 이상의 고운 연마지를 사용하여 샌딩하고 엣지 부분이나 각진 부분은 손(手) 연마하여 마무리하거나 부직포(일명 수세미)를 이용하여 연마하기 힘든 가장자리 및 프레스 라인을 연마하여 마무리하고, 탈지제로 분진가루를 깨끗하게 제거한다.

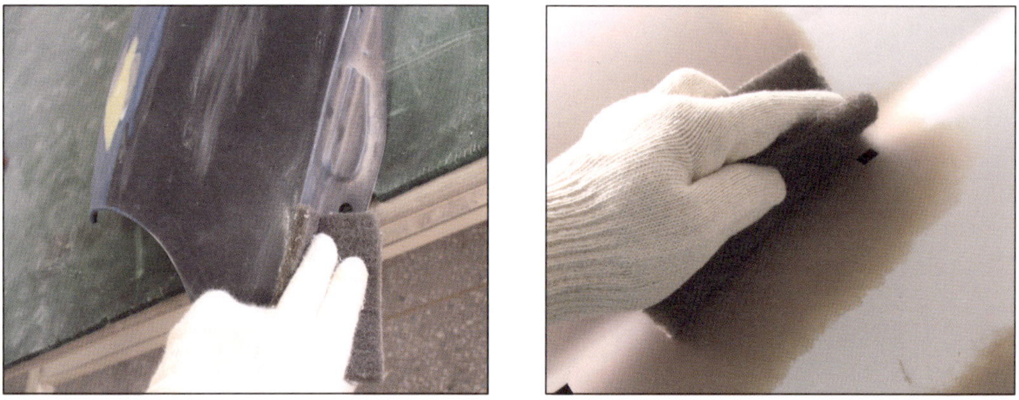

(a) (b)

그림 6-6 패널의 가장자리 등 부직포(수세미 사포)를 이용한 연마

### [4] 프라이머 서페이서 도료(우레탄)를 혼합하고 스프레이건에 담는다.

2액형(주제 : 경화제) 도료의 혼합은 무게비로 혼합하는 방법과 부피비로 혼합하는 방법이 있다. 무게비(예 4kg : 1kg)는 전자저울을 이용하여 4:1의 비율로 혼합하고, 부피비(예 4 :1)는 계량컵을 이용하거나 비율자를 이용하여 혼합한다.

(a) (b)

그림 6-7 프라이머 서페이서 도료의 주제 및 경화제

## [5] 패널을 송진포를 이용해 먼지를 제거한다.

도장한 패널에 묻어 있는 미세먼지를 에어 블로잉과 함께 송진포로 깨끗하게 닦아 낸다.

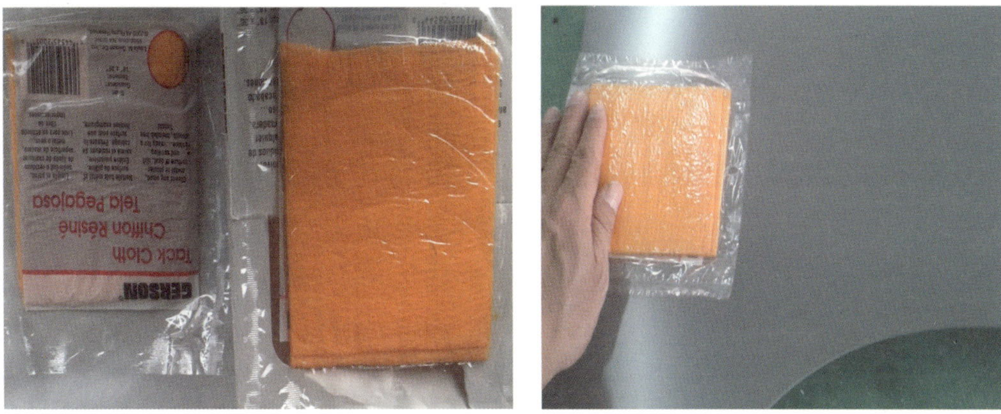


(a) (b)

그림 6-8 송지포를 이용한 먼지제거 작업

## [6] 프라이머 서페이서 도료를 패널에 도장한다.

맨 철판이 드러난 부위를 가볍게(1회) 도장(Dry coating)한 다음 패널 전체를 촉촉하게(2회) 적셔(Wet coating) 한 번 도장한다. 도장 후 도막 내에 존재하는 용제 및 시너가 공기 중으로 증발하는 시간(플래시 오프 타임: 약 10 내외)을 적용한 뒤 후속 도장(3회)을 한다.

자동차 도장 시 플래시 오프 타임(Flash-off time)은 도장 작업 사이에 용제가 증발할 수 있도록 대기 시간을 말하며(1차 도장 후 2차 도장 사이의 시간), 이는 20℃ 기준 보통 10분에서 15분 정도가 권장되지만 제품(도료, 시너 등)과 환경 조건에 따라 달라지므로 반드시 해당 제품의 기술자료(TDS)를 확인하고 준수하는 것이 좋다. 이 시간을 지키지 않으면 도막 처짐(흐름), 핀홀, 뭉침 등의 결함이 발생할 수 있다. 프라이머 서페이서 도장 횟수는 일반적으로 2~3회이며, 도료 메이커별 추천하는 도장 횟수 및 도막두께(40~50$\mu$m)는 다소 차이가 있다.

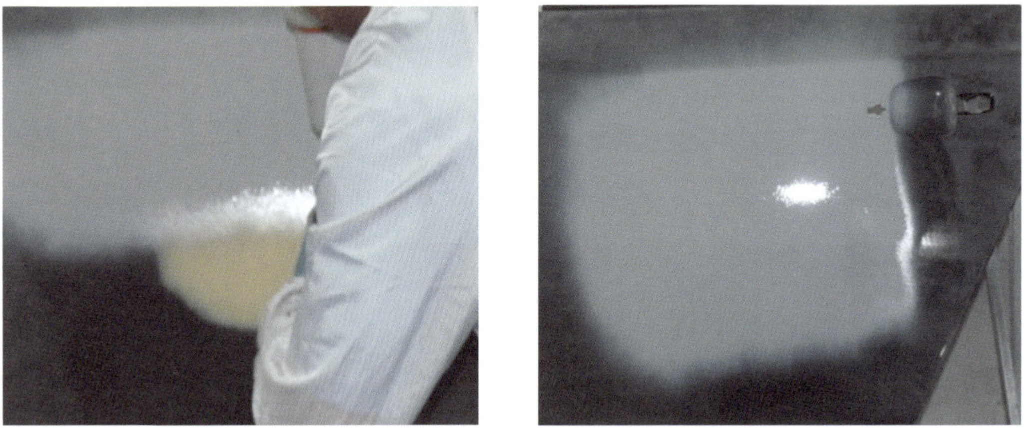

(a) (b)

그림 6-9 프라이머 서페이서 도장 작업

### [7] 프라이머 서페이서 도막을 건조한다.

열처리하기 전 5분~7분 정도의 세팅타임을 적용한 뒤 60℃에서 10분 내외로 건조가 가능하다. 상도 도장 완료 후 열 건조(가열 건조)를 시작하기 전에 도료의 용제가 충분히 증발될 수 있도록 일정 시간 동안 자연 건조시키는 것을 의미한다. 이 시간을 지키지 않고 너무 빨리 가열 건조시키면 용제가 급격히 증발하면서 도막에 구멍이 생기거나 핀홀(Pin Hole)과 같은 도장결함을 발생시킨다.

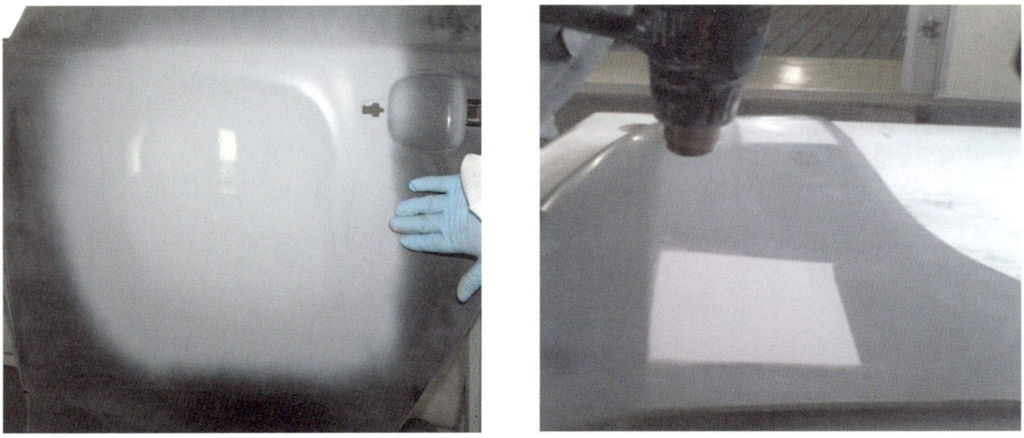

(a) (b)

그림 6-10 프라이머 서페이서 건조

### [8] 프라이머 서페이서를 연마한다.

더블액션 샌더에 스펀지로 된 중간패드(Interface Pad)를 백업 패드에 부착한 다음 P600 연마지를 이용하여 패널 전체를 고르게 연마한다. 오렌지 필(오렌지 껍질과 같은 올록볼록한 도막 형태) 등을 제거하고 연마 상태를 확인하기 위해 가이드 코트(흑연가루로 샌딩작업시 연마된 곳과 연마할 곳을 구분하며, 핀홀 등을 찾아내기 위함)를 도포하고 연마 작업을 하면 편리하다. 가장자리와 심하게 꺾여있는 프레스 부분을 제외한 패널 전체를 일정한 힘과 속도로 연마하고, 가장자리 부분과 패널의 프레스 부분은 도막이 쉽게 벗겨지는 경우가 발생하므로 부직포와 같은 부드러운 연마지를 사용하여 손으로(수 연마) 연마하는 것이 효과적이다.

그림 6-11 더블액션 샌더와 중간패드(Interface Pad)

### [9] 탈지한다.

패널 안쪽과 바깥쪽 모두를 탈지제로 깨끗하게 탈지하여 분진가루와 이물질을 완전하게 제거한다.

## 3.2 프라이머 서페이서 부분 도장

① 교환 패널은 프라이머 서페이서를 전체 도장한다.

② 손상패널은 손상부위를 퍼티 작업한 후 퍼티부분만 프라이머 서페이서로 도장한다.

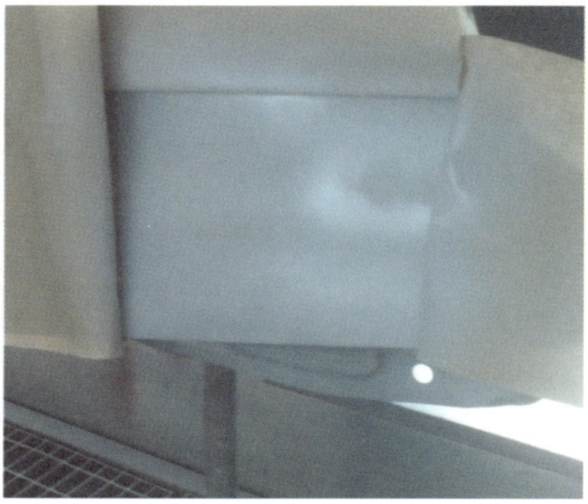

(a)

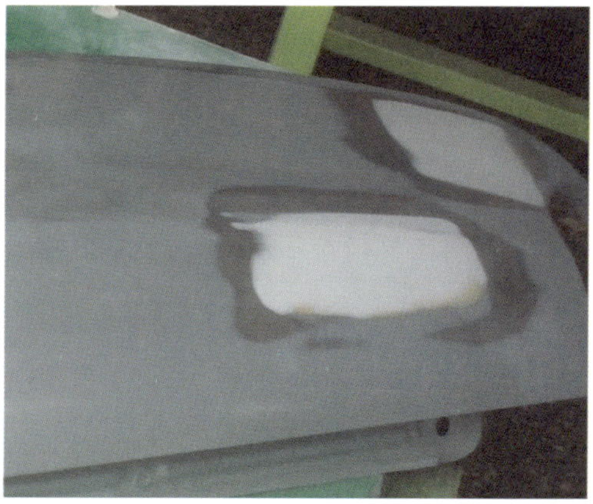

(b)

그림 6-12 퍼티 도포 부위의 부분 도장(서페이서) 작업

### [1] 작업준비를 한다.

① 더블액션 샌더(DAS), 탈지제, 종이타월, 연마지 P180, P320, P600, P1000

② 핸드 블록(아데방), 목장갑, 내용제성 장갑, 일회용 비닐장갑

③ 세척시너, 마스트(분진), 작업복

### [2] 손상부위를 확인한 후 탈지한다.

① 손상부위를 확인한다.

② 손상부위와 그 주변을 탈지제로 탈지한다.

(a)

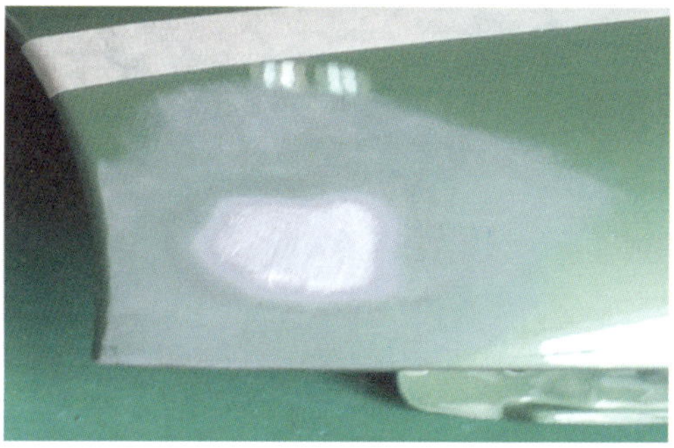

(b)

그림 6-13 손상부위 확인 및 손상부위 연마

### [3] 손상부위를 연마한다.

① 손상 정도에 따라 더블액션 샌더에 P180 또는 P320 연마지를 부착한다.

② 손상부위 바깥쪽에서 안쪽방향으로 연마를 진행하여 단(턱)이 없어지도록 연마한다.

### [4] 손상 부위를 역 마스킹한다.

① 디스펜서(마스킹 편리기구)로 적당한 크기의 마스킹 종이를 자른다.

② 손상부위에서 테이프를 붙인 다음 종이를 뒤집어 마스킹 테이프로 마감한다.

③ 마스킹 종이를 이용하여 반대편도 같은 방법으로 마스킹한다.

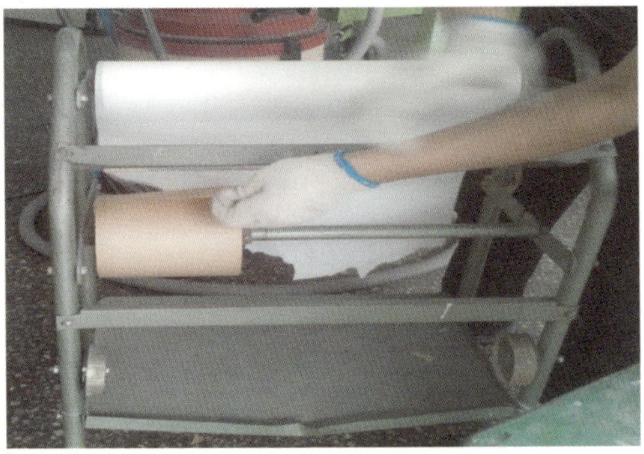

(a)

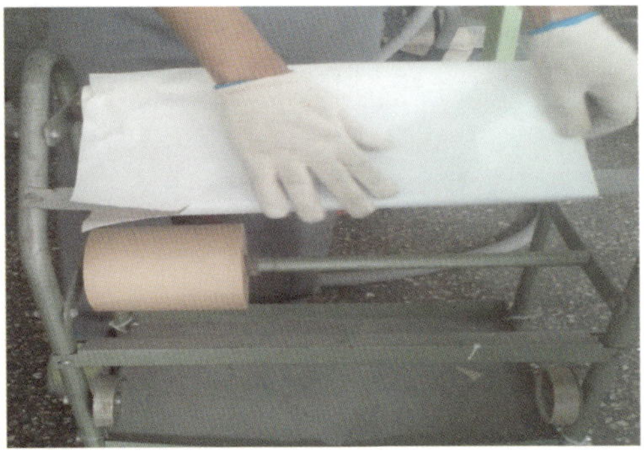

(b)

그림 6-14 디스펜서(마스킹 편리기구)

④ 위와 같은 방법으로 좌·우측 방향도 마스킹한다.

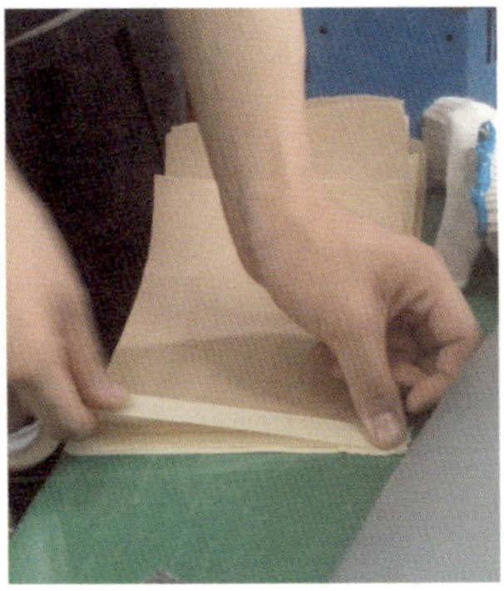

(a)

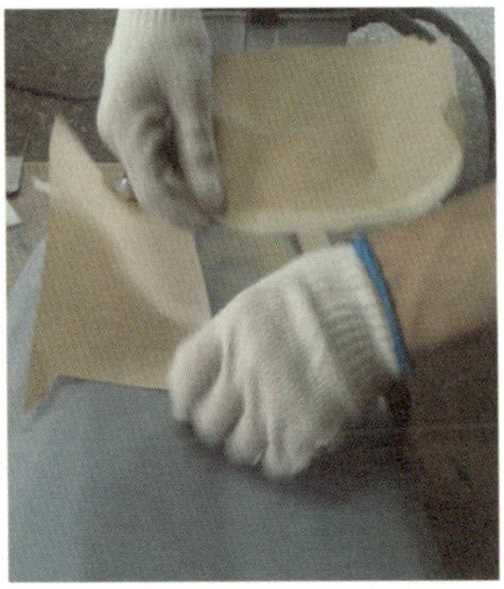

(b)

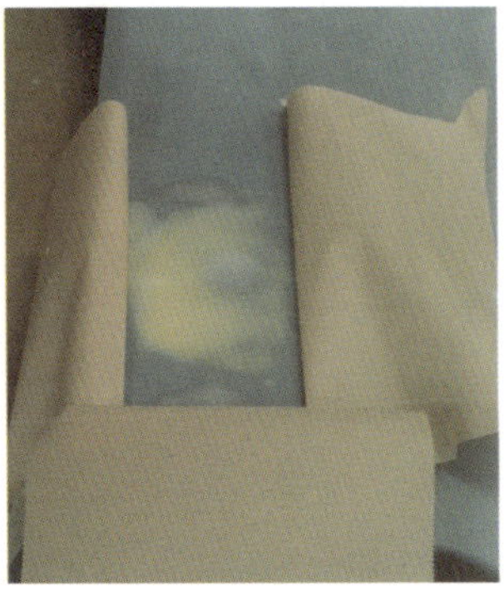

(c)

그림 6-15 마스킹 테이프 및 역 마스킹 작업

## [5] 프라이머 서페이서를 도장한다.

① 프라이머 서페이서 도료를 주제와 경화제의 혼합 비율에 맞게 혼합한다.

② 전자저울을 이용하여 주제와 경화제를 혼합 후 적정량의 시너(희석제)를 혼합한다.

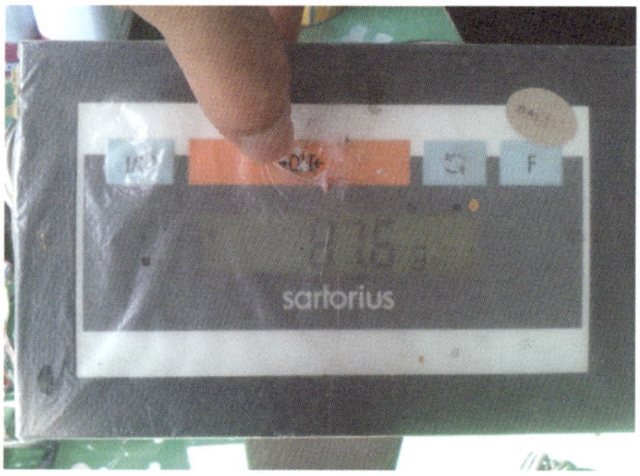


(a)

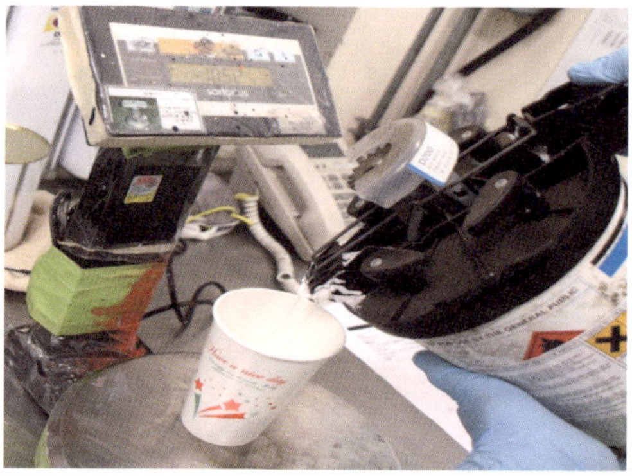

(b)

그림 6-16 전자저울 및 주제와 경화제 혼합

③ 혼합된 도료는 여과지를 사용하여 중도 전용 스프레이건(Nozzle 1.4)에 담는다.

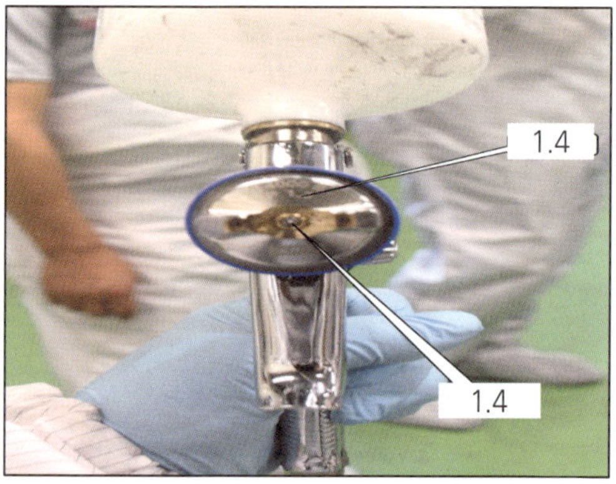


(a)

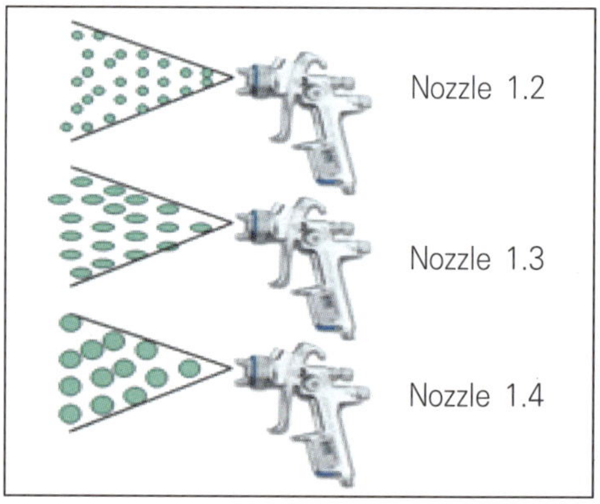


(b)

그림 6-17 스프레이건 및 노즐

④ 도장 전 패널의 손상부위를 송진포로 가볍게 에어 블로잉과 함께 먼지를 제거한다.

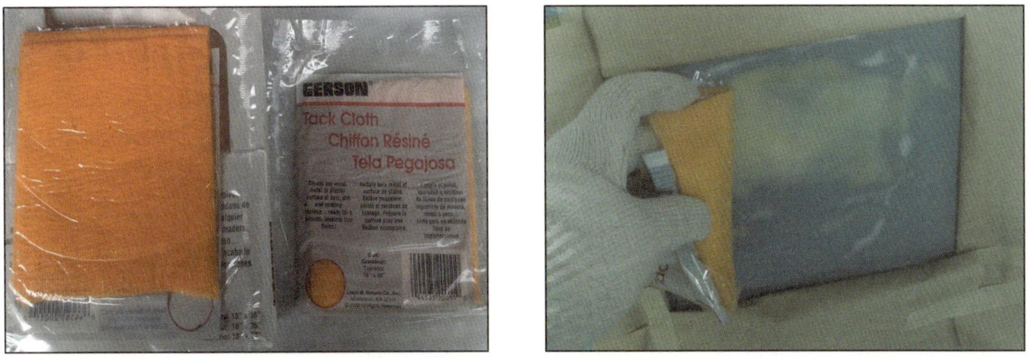


(a) (b)

그림 6-18 송진포 및 송진포로 먼지제거 작업

⑤ 처음 도장시에는 도료량을 적게하여 가볍게(Dry) 도장한다.

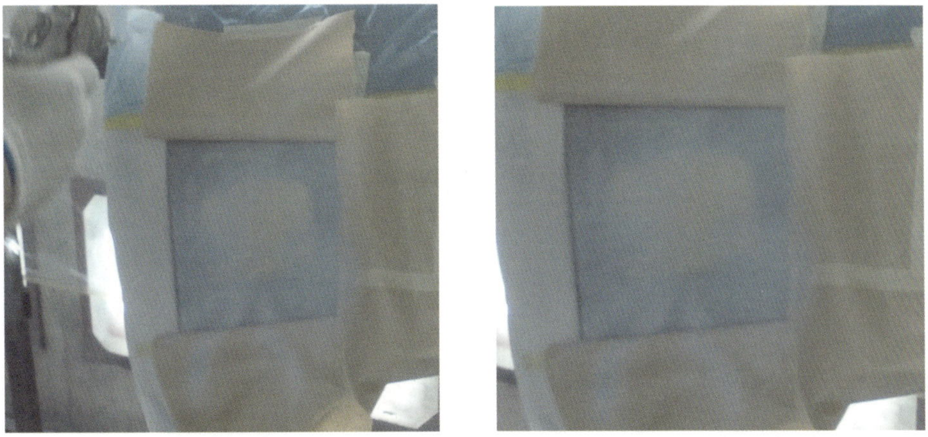

(a) (b)

그림 6-19 1차 도장(바탕이 보이도록 얇게 도장)

⑥ 적당한 플래시 타임을 적용한 뒤 2차 스프레이를 한다.

⑦ 플래시 오프타임을 적절히 적용하면서 2~3회 정도 도장한다.

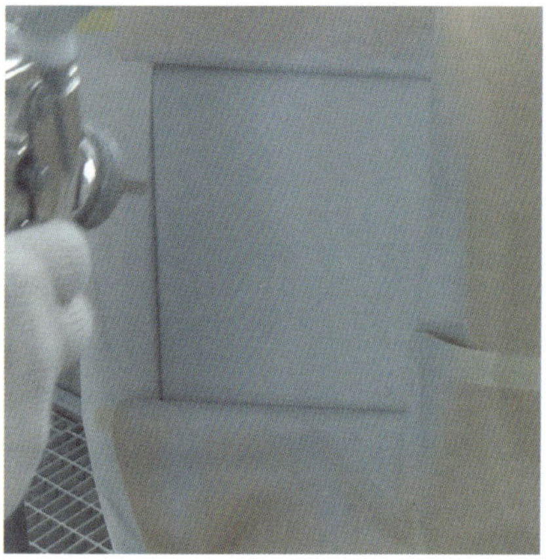

(a)

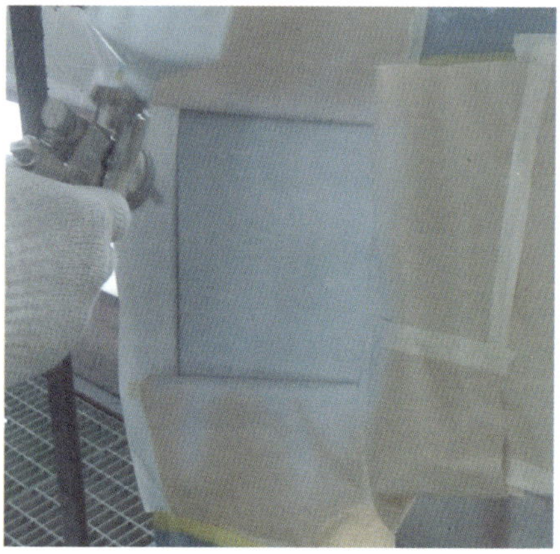

(b)

그림 6-20 2차, 3차 스프레이 작업

⑧ 도장시 마스킹의 경계부위가 끊어져 보이지 않도록 처리한다.

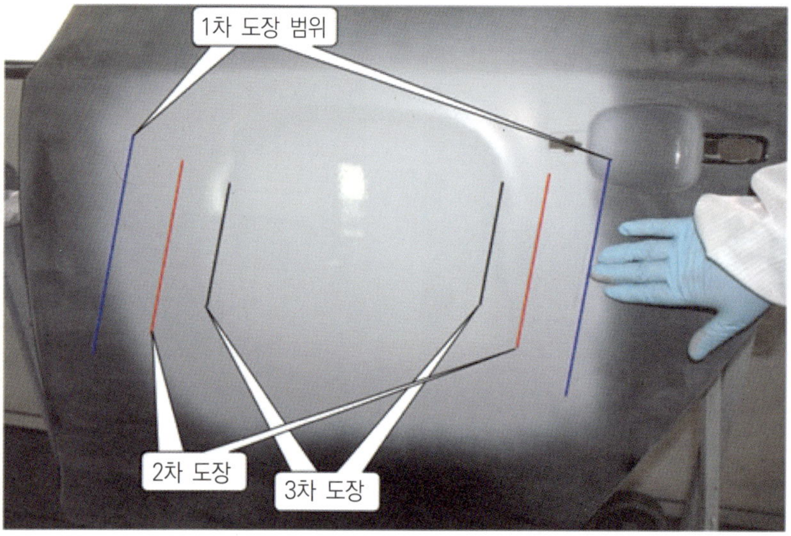


그림 6-21 서페이서 횟수별 도장범위 및 공정

## [6] 프라이머 서페이서 건조한다.

① 프라이머 서페이서 도장 후 곧바로 열을 올리지 않고 용제가 자연적으로 증발할 수 있도록(세팅 타임) 잠시 대기한다.

② 이동식 적외선 건조기를 사용하거나 거치대를 이용하여 부분적으로 건조한다.

③ 부분 도장인 경우 10~15분 정도 건조한다(너무 가까이에서 건조하지 않도록 주의한다).

④ 포터블 또는 거치대를 이용한 적외선 건조기를 도장 부위와 적정거리를 유지한다.

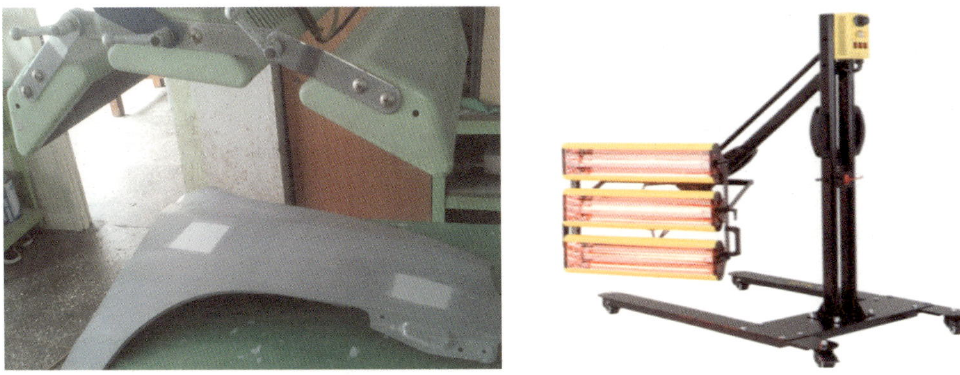

그림 6-22 적외선 건조기 및 건조 작업

### [7] 프라이머 서페이서를 연마한다.

① 드라이 가이드 코트를 골고루 바른다.

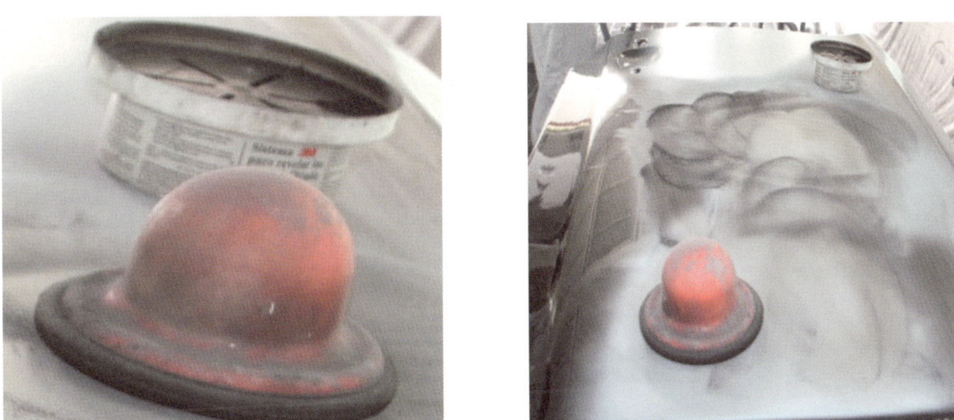

(a) (b)

그림 6-23 가이드 코트 작업

② 샌더에 중간패드와 P600 연마지를 부착한다.

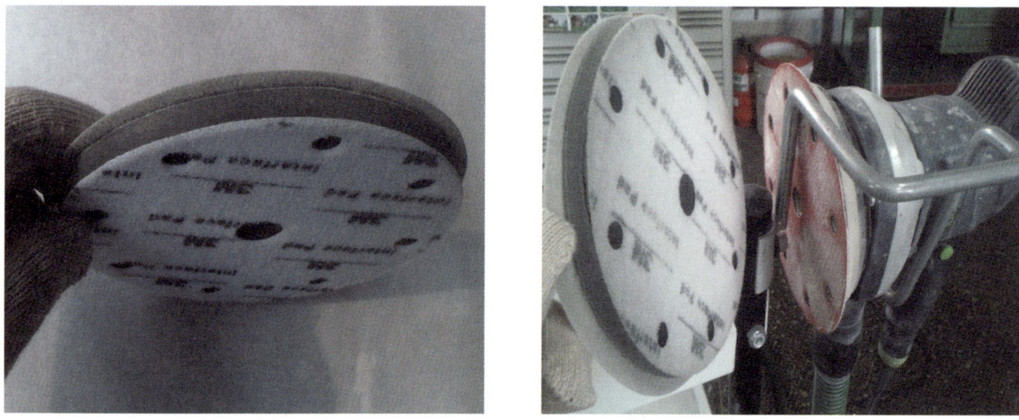

(a) (b)

그림 6-24 연마지 중간패드 및 더블액션 샌더

③ 손상부위 중심에서 바깥쪽으로 연마를 진행한다.

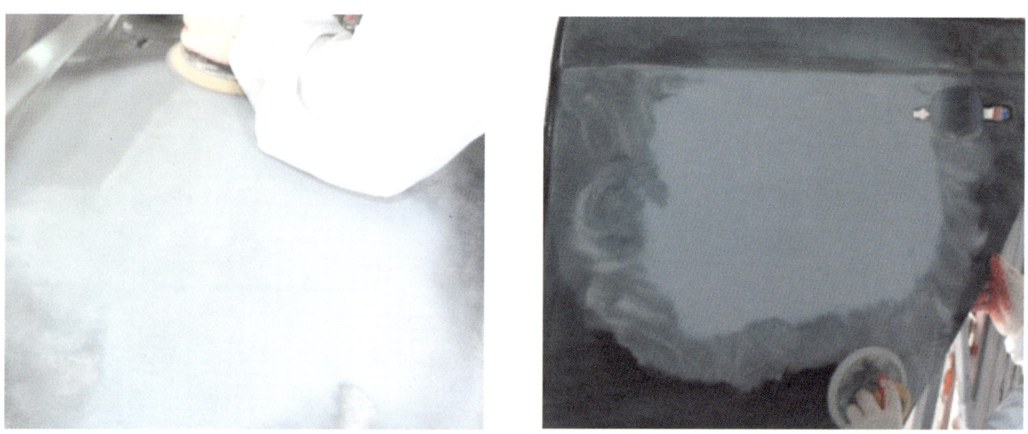

(a) (b)

그림 6-25 서페이서 연마(더블액션 샌더)

④ 스펀지 연마지나 부직포를 이용하여 프레스 라인이나 테일(끝) 부분이나 도어 손잡이 등 모서리 부분을 연마한다.

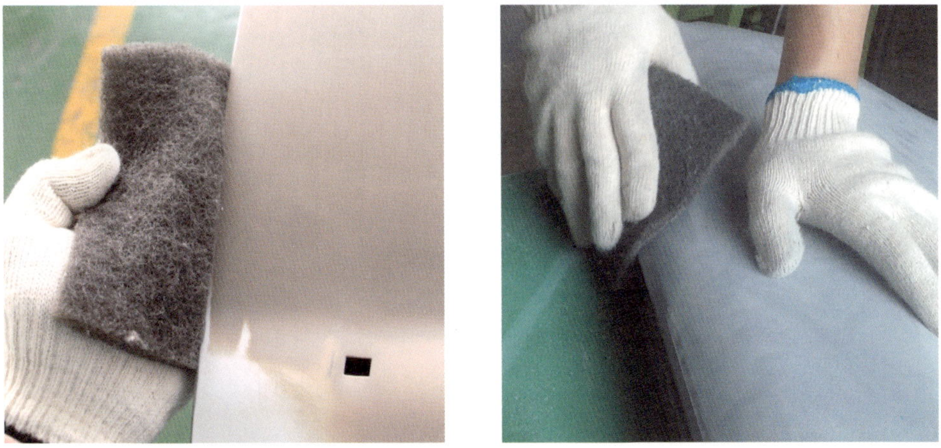

(a) (b)

그림 6-26 부직포를 이용한 패널 모서리 부분 연마 작업

## [8] 탈지 작업을 한다.

프라이머 서페이서를 연마한 다음 탈지제로 깨끗하게 제거한다. 탈지 작업은 종이 타월을 2장 준비하고, 첫 번째 종이 타월은 탈지제를 묻혀 분진 가루가 묻은 연마면을 훔쳐내듯 닦아낸 다음, 두 번째 마른 종이 타월로 탈지제가 증발하기 전에 깨끗하게 닦아낸다.

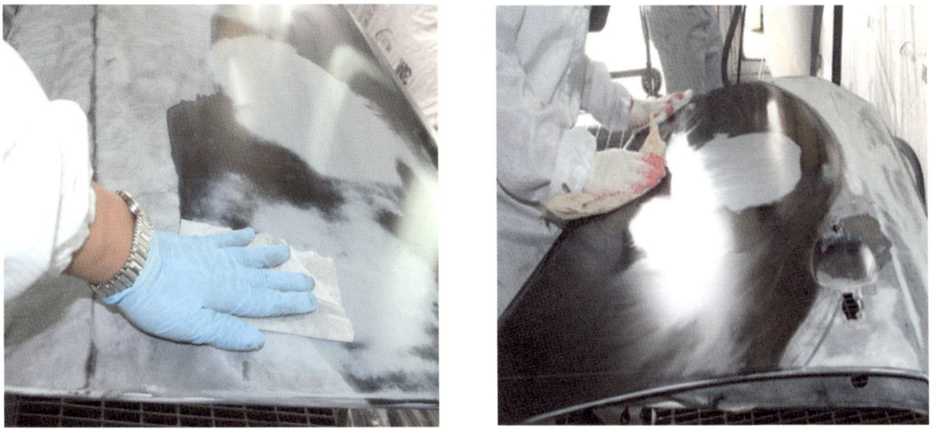

(a) (b)

그림 6-27 탈지 작업

## 3.3 논샌딩 서페이서 작업(후속 도장 수용성 베이스 칼라)

논샌딩 서페이서는 서페이서 도장 후 도장면을 연마하지 않고 후속 베이스 도장을 바로 도장을 할 수 있어 작업성이 유리하다.(연마, 탈지 작업이 필요 없음) 제품은 백색, 흑색이 별도로 판매되며 개별로 사용이 가능하고 혼합하여 회색계열을 만들어 사용할 수 있다. 후속 도장의 베이스 색상이 밝은 경우 백색을 적용하고 후속 도장이 어두운 칼라일 경우 흑색 논샌딩 서페이서를 적용하면 은폐력 등 베이스 도장 작업의 이점이 있다.

그림 6-28 논샌딩 서페이서(1액형, 2액형)

### [1] 표면 처리 공정

보수도장시 도막의 결함 부위를 깨끗이 연마 작업한 후 완전히 건조한다. (신품 도장시 전착면 등의 표면을 연마지(P320)로 연마한다.) 모서리, 굴곡 부분은 과연마에 의한 소지(맨철판) 노출 방지를 위해서 스폰지 연마지를 사용한다. 연마 후 소지 표면의 이형제, 유분 및 기타 오염물질을 탈지제로 완전히 제거한다.

### [2] 퍼티 공정

중도 도상 전 요칠이 심한 판금 부분은 슈퍼 플러스 퍼티, 프라임 퍼티 작업을 한다.

철재 소지가 드러난 부위는 방청성을 위하여 워시 또는 에폭시 프라이머 도장 후 중도(서페이서)를 후속 도장한다. 작업할 부분의 구도막이 3회 이상 보수하였거나, 도막두께가 300㎛ 이상 시 노화가 심한 도막(에나멜, 락카계 도막)은 박리 작업(도막제거) 후 세척 및 탈지 작업 후 퍼티 작업을 한다.

### [3] 중도 도장공정(논샌딩 서페이서 도장)

도장 전(도장 실내) 송진포(Tack rag)를 이용하여 먼지나 이물질을 제거한다. Non-Sanding 서페이서는 백색, 흑색 서페이서 단독 사용이 가능하고, 혼합하여 회색으로 적용 가능하며, 혼합비에 따라 밝은 회색과 어두운 회색을 만들어 사용이 가능하다. 혼합 점도는 13~15초(Ford Cup #4, 25℃)로 베이스나 클리어 도료에 비해 점도가 높다. 표준점도를 맞추기 위해 2020년 이후 희석제 TH0600(지건/표준/속건) 용제를 적용한다. 작업장(도장실) 온도는 18 ~ 25℃, 습도는 70% 이하로 맞추고, 스프레이건은 RP건(RP4000, RP5000) 1.2 ~ 1.4mm를 추천하며, 분사 압력 1.5~1.6bar, 토출량 2바퀴 정도이다.

**[논샌딩 서페이서 작업방법]**

| 구분 | 내용 | SPEC |
|---|---|---|
| 혼합비 | 주제:경화제:희석제=5:1:1.5(부피비)<br>논샌딩(백색)-주제:경화제:희석제=100:14:20(무게비)<br>논샌딩(흑색)-주제:경화제:희석제=100:16:20(무게비) | 희석제: TH0600 |
| 스프레이건 | 중력식 스프레이건 기준 | 1.3~1.6mm |
| 분사 압력 | 중력식 스프레이건 기준 | 1.6~2.0bar |
| 도장 방법 | 1. 논샌딩: 1회 WET 도장<br>2. 샌딩: 2회 WET 도장(중간건조 없음)<br>(세팅타임 5분 이상) | 건조 도막두께<br>1.20~30㎛<br>2.30~50㎛ |
| 건조방법 | 자연건조 및 강제건조 | 자연건조: 상온*20min<br>강제건조: 60℃*10min |

도장 횟수. Non-Sanding 1회(WET), 도막은 약 20~40㎛(Sanding : 2회(WET-WET), 도막 약 30~50㎛)이다. 중도 도장 후 건조는 상온건조 : 25℃에서 20분 (수용성 베이스 후속 도장 가능), 25℃ * 30분(유용성 후속 도장 가능)하며 강제건조 60℃ * 10분 정도 후 연마가 가능하다. 일반적으로 논샌딩 도장 후 연마공정을 생략하고 후속 도장이 가능하고, 일부 도장 결함 부문이나 이물질이 침투되는 등 연마가 필요한 부위는 P600 연마지로 건식 연마를 실시한다. 도장 후 오랜시간이 경과 한 경우 연마 작업을 한 후에 후속 도장을 한다.

### [4] 주의사항(논샌딩 서페이서 도장)

작업 전 사용설명서(DATA SHEET)를 숙지한 후 사용한다. 충분한 환기조건하에서 작업하고, 제품 보관 시 화기로부터 안전하게 보관해야 한다. 도장 작업 후 도장기구 및 장비 등은 즉시 세척제(락카시너)로 세척해야 한다. 사용 후 남은 도료는 뚜껑을 잘 닫은 후 보관(5℃ 이상 30℃ 이하)한다.

MEMO

# 상도 도장

# 07

CHAPTER 07

# 상도 도장

## 학습목표

1. 1C1B 도장을 할 수 있다.
2. 2C1B 클리어 도장을 할 수 있다.
3. 3C1B 수용성 도장을 할 수 있다.
4. 수용성 도장을 할 수 있다.

상도 도장 작업(Top Coat Painting)은 자동차 도장공정의 마무리 단계로, 최종적인 색상을 입히고 광택을 더해 차량의 미관과 상품 가치를 높이는 과정이다. 이 작업은 베이스 코트(컬러)와 클리어 코트(투명)로 구성되며, 조색 작업을 거쳐 원하는 색(조색)을 만든 후 스프레이건을 사용하여 도장하고, 이후 건조 및 광택 작업을 거쳐 마무리되며, 자외선 등 외력에 대한 저항력을 가지며 패널을 보호한다.

유용성 상도 도장의 도료는 우레탄(베이스 코트+클리어) 타입(1C1B)과 베이스 코트 타입(2C1B, 3C1B) 등으로 나눌 수 있으며 차량의 상태와 목적에 따라 도료를 사용한다.

상도 도장의 공정별 도장방법을 이해하고 상도 도장을 위한 도장공정이 중도 도장공정과 어떤 차이가 있는지 그리고 색상별(솔리드, 메탈릭, 펄) 상도 도장공정은 어떤 차이가 있는지 알아보도록 하겠다.

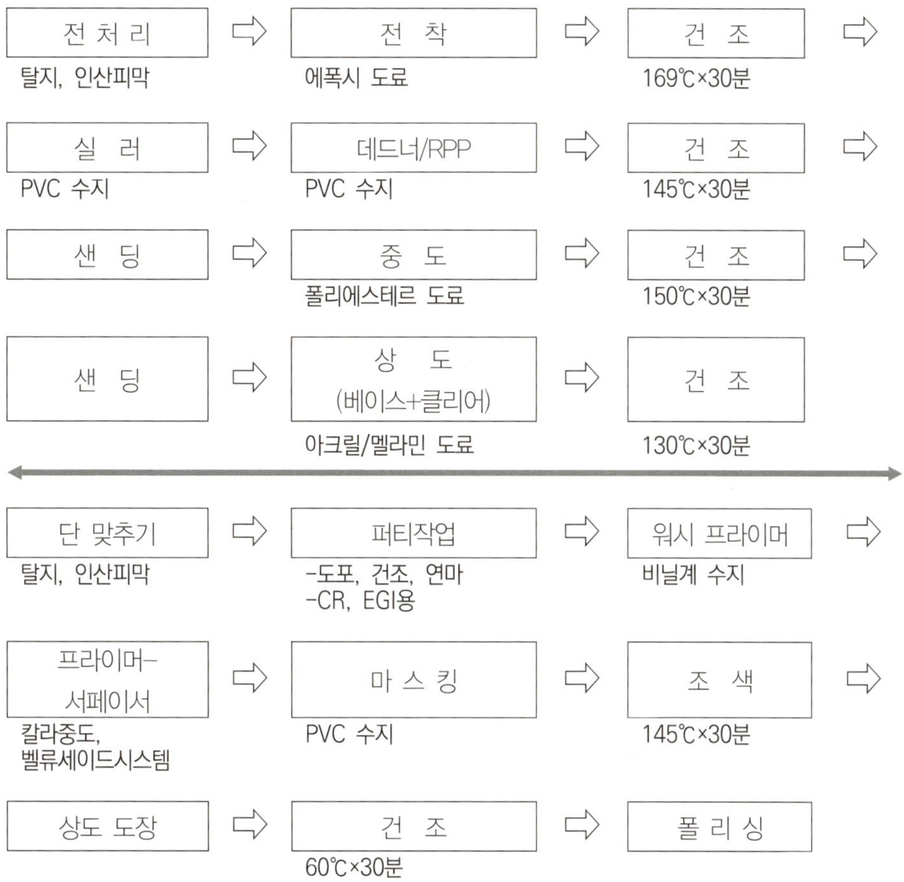


**그림 7-1** 신차 도장공정과 보수도장공정 차이

## 1 1C1B(1Coat 1Bake) 도장하기

**학습목표** 1C1B(2Coat 1Bake) 도장을 할 수 있다.

유용성 상도 도장 1C1B는 우레탄 타입 도료로서 주제와 경화제가 일정 비율에 맞도록 혼합하여 도막이 형성되고(베이스+클리어+경화제+시너), 빨강, 주황, 노랑, 초록, 파랑, 남색, 보라색, 백색, 흑색, 혼합색 등과 같은 솔리드(단색) 색상에서 사용한다. 색상도료를 도장하고 투명 도료인 클리어 코트(C/C)를 따로 도장하지 않고 1회에 도장할 수 있으며 작업 능률에 큰 효과를 낼 수 있다.

1C1B는 상도 도장공정에서 1Coat 1Baking으로 한 번 도장(Coat)하고 한 번 열처리(Baking)한다는 의미이다.

### [1] 작업준비를 한다.

① 탈지제 및 세척시너, 종이 타월, 내용제성 장갑, 일회용 비닐장갑

② 마스트(유기용제), 마스킹 종이 및 테이프, 마스킹 디스펜서

③ 스프레이 건(상도 전용), 여과지(#220, #320), 건 세척기

④ 연마(#400~#600)가 끝난 패널

### [2] 도장할 패널을 탈지제로 깨끗하게 닦는다.

탈지제로 2회 정도 깨끗하게 탈지한다.

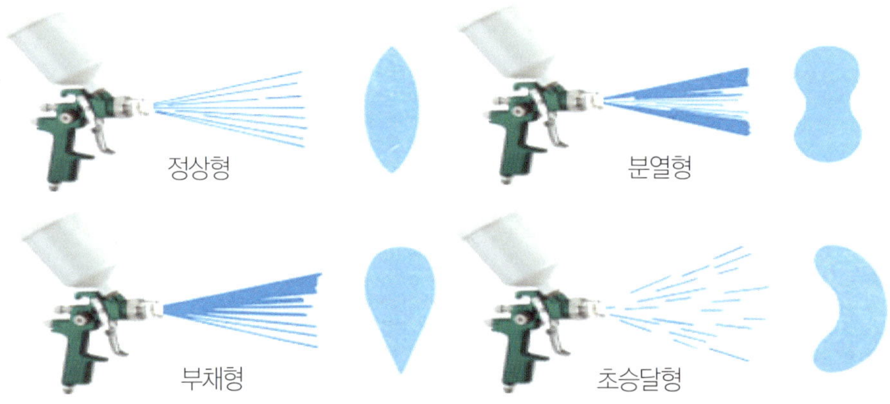


그림 7-2 스프레이건의 도료 패턴 및 모양

### [3] 프라이머 서페이서 도장면을 송진포(텍 클로스)로 미세먼지를 제거한다.

프라이머 서페이서 도장면을 탈지제로 탈지했더라도 도장 직전에 송진포를 이용하여 표면에 있는 미세먼지를 깨끗하게 제거한다. 패널의 형상에 따라 스프레이건을

분무 패턴과 공기압 및 도료량을 조절하여 그림과 같이 정상형 패턴이 되도록 조절하고 도장 전 연습패널에 연습분사를 실시 후 도장 작업을 실시한다.

### [4] 2액형 우레탄 도료를 혼합한다.

도료의 주제와 경화제의 혼합비율을 확인하며, 도료의 양을 계산하고 주제(Base)를 1회용 계량컵에 담고, 주제에 맞는 비율로 경화제(Hardener)를 적당량 용기에 혼합한다. 도료에 따라 여과지(Strainer)의 규격(Mesh)을 확인하고 사용한다.

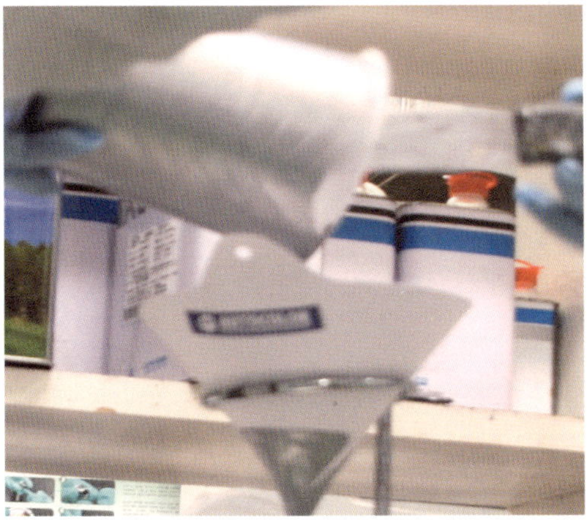

(a)

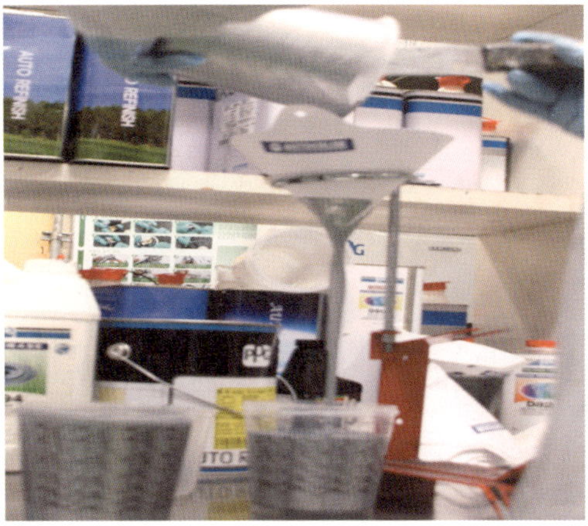

(b)

그림 7-3 상도 도료용 여과지

### [5] 2액형 우레탄 도료를 도장한다.

2액형 우레탄 1C1B(착색도료+투명도료) 도료는 도장하는 방법에 다소 차이가 있다. 색상의 종류에 따라 도장하는 횟수는 단색인 경우 2~3회 정도 도장 후 도막이 형성되고, 도장환경과 도장기술자에 따라 분사량, 압력, 겹침정도 등 도장방법이 다르기 때문에 제조사의 설명서를 참조하여 도장한다.

[스프레이건 및 도장방법에 따른 도장외관의 영향]

| 도장 조건 | | 도장 외관 | | 영향도 |
|---|---|---|---|---|
| | | 밝 음 | 어두움 | |
| 스프레이 장치 | 노즐구경 | 작다. | 크다. | 보통 |
| | 밸브조절 | 잠금 | 열림 | 보통 |
| | 패턴의 폭 | 넓게 함 | 좁힘 | 적다. |
| | 공기량 | 많다. | 적다. | 크다. |
| | 공기압력 | 높다. | 낮다. | 보통 |
| 도장방법 | 스프레이 거리 | 멀다. | 가깝다. | 보통 |
| | 건의 운행속도 | 빠르다. | 느리다. | 적다. |
| | 분무형태 현상 | 날려 뿌림 (Dry Coating) | 날리지 않음 (Wet Coating) | 크다. |
| | 분무간격 | 길다. | 짧다. | 보통 |

## [6] 2액형 우레탄 도료를 도장공정

① 1회 도장 법은 Light 또는 Drop 도장이라 하며 도막의 두께를 얇게 도장하는 느낌으로 가볍게 도장하는 것이 좋으며, 처음 도장은 도료를 적게 분사하여 바탕이 비춰져 보이도록 도장하는 것이 좋다.

(a) (b)

그림 7-4 1회 도장과 2회 도장 상태

② 1~2분 정도 후 2회 도장은 은폐시킨다는 목적으로 도막을 1회보다 약간 두껍게 도장하며, 원하는 도막두께를 올리기 위해 도막을 약간 두껍게 광택(wet)이 나도록 도장한다.

③ 플래시 오프타임(Flash Off Time)은 도막두께, 도장실의 풍속, 부스온도, 습도 등에 따라 5분~10분을 적용한다. 도장 패널 주변 마스킹 종이에 묻은 도료 상태를 만져보고 지촉건조 시간을 기준하여 적용 타이밍을 알 수 있다.

④ 마무리 도장은 레벨링을 생각하면서 풀(Full)로 스프레이건을 당겨 분사하고 스프레이건과 패널의 거리에 따라 광택이 많고 적음이 차이가 나기 때문에 스프레이건과 패널의 거리를 평소보다 약간 멀리 해서 도장하여 평활성이 양호하게 겹침을 일정한 레벨링과 광택을 모두 확보할 수 있다.

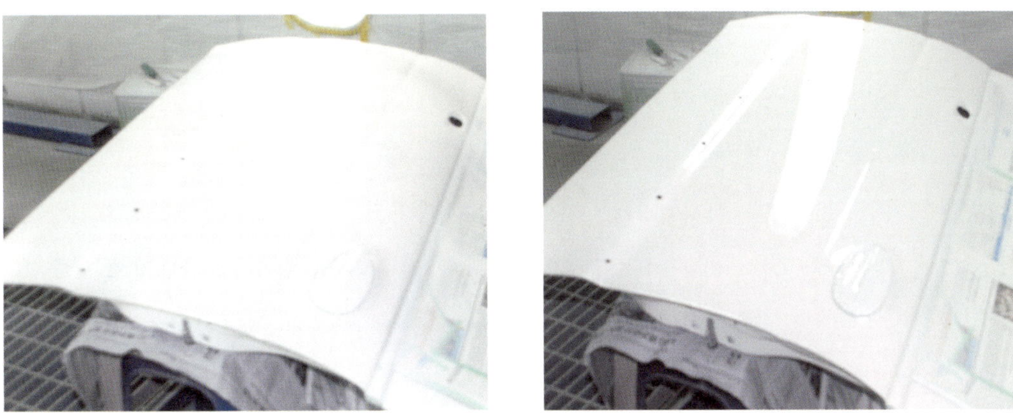

(a) (b)

그림 7-5 레벨링 도장 및 마무리 도장(광택확보)

### [7] 세팅타임을 적용한 후 열처리한다.

건조 작업은 세팅타임을 적용한 후 열처리 작업을 해야 핀 홀과 같은 도막 결함을 사전에 방지할 수 있다. 세팅타임(Setting Time)은 약 10~20분 내외(주변 환경에 따라)가 적당하며, 이 시간 동안 도막 속에 포함된 용제나 시너가 서서히 자연 건조하며 증발한다. 열처리 작업은 도료 제조사 설명서를 따른다. 표준 열처리 온도는 60℃에서 20~30분 정도이다.

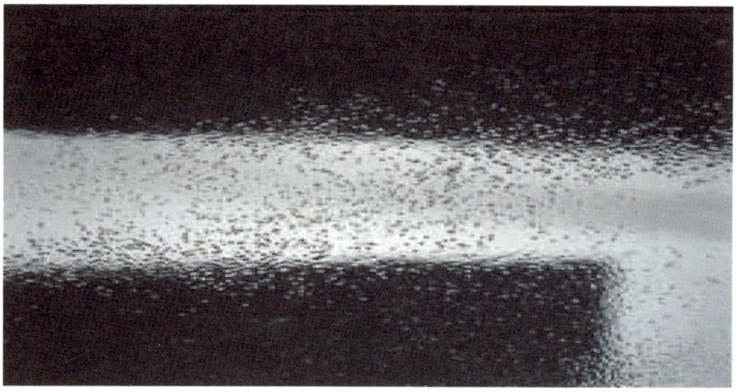

그림 7-6 급속 건조에 의한 핀 홀(도장결함)

표준열처리 시간은 세팅타임과 예비 가열 건조시간이라 하여 60℃에 도달할 때까지의 시간을 말하며, 이 포인트에서 20~30분간 열처리를 하는 것이다. 실제로 열처리 시간은 이 모든 시간과 패널이 냉각되는 시간까지 생각한다.

## [8] 스프레이건을 세척한다.

스프레이건 세척기를 사용하거나 여분의 스프레이건으로 세척시너(락카시너)를 분무하여 페인트를 녹여 제거한 다음 종이 타월을 이용해 깨끗하게 외부와 내부를 닦아내고 깨끗한 세척시너를 캔에 조금 담아 분무하여 통로에 남아있던 찌꺼기 및 잔여 도료를 제거한다.

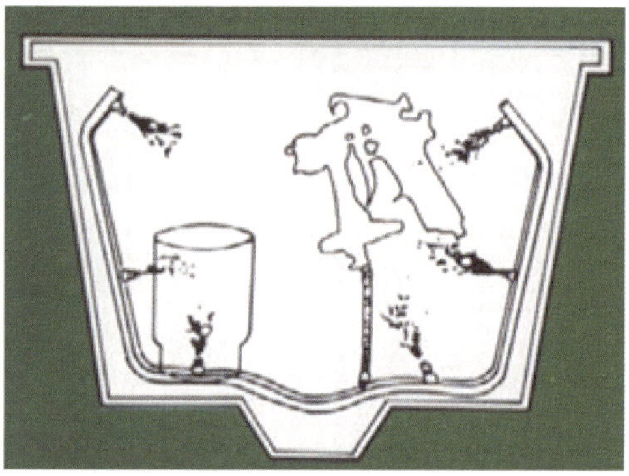

(a)

(b)

그림 7-7 스프레이건 세척기

## 2 2C1B(2Coat 1Bake) 도장하기

**학습목표** 2C1B(2Coat 1Bake) 도장을 할 수 있다.

유용성 상도 도장공정의 2Coat 1Baking은 두 번 도장(Coat 스프레이)과 한 번 열처리(Baking)한다는 의미이며, 색상도료(베이스)와 투명도료(클리어)를 각각 한 번씩 2회 스프레이하고 한 번 열처리를 한다. 즉 색상도료의 베이스를 도장하고 건조 후 투명도료(클리어 코트)를 도장한다. 베이스 코트(Base Coat) 도료는 1액형 도료에 희석제(우레탄 시너)를 혼합하여 적당한 점도로 희석시켜(물성) 도장한다. 경화제를 혼합하지 않는다. 주로 은분(알루미늄 가루)이 첨가된 메탈릭 색상이나 솔리드(단 색깔) 베이스 색상이 여기에 속한다. 2C1B는 1C1B 도장에 비해 도장공정이 추가되어 작업시간 및 재료비 측면에서는 단점이 있으나, 도막결함에 대한 재 수리 및 도장 후 광택작업 등 후처리에 유리하며 고품질을 요구하는 측면에서는 선호하고 있는 도장공정이다.

특히, 메탈릭 색상 및 펄 색상 등의 도장공정에서는 2C1B 또는 3C1B의 공정이 필수적이다.

[도장조건에 따른 일반적 색상 변화]

| 도 장 조 건 | | 도 장 외 관 | | 영향도 |
|---|---|---|---|---|
| | | 밝 음 | 어두움 | |
| 도장 조건 | 도장온도 | 높음 | 낮음 | 크다 |
| | 도장습도 | 낮음 | 높음 | 적음 |
| | 환기통풍 | 좋다 | 나쁘다 | 보통 |
| 신나 | 증발속도 | 빠름 | 느림 | 크다 |
| | 사용량(희석률) | 과잉 | 부족 | 크다 |
| | 리타다 신나 | 미사용 | 많이 사용 | 크다 |

### [1] 작업준비를 한다.

① 탈지제 및 세척시너, 종이 타월, 내용제성 장갑, 일회용 비닐장갑

② 마스크(유기용제), 마스킹 종이 및 테이프, 마스킹 디스펜서, 건 세척기

③ 스프레이건(상도용), 패널, 여과지

### [2] 패널의 전체를 탈지제로 탈지한다.

### [3] 프라임 서페이서 도장면을 송진포(텍 클로스)로 미세먼지를 제거한다.

### [4] 베이스 코트 도료를 혼합한다(조색도료).

① 도료 혼합막대로 밑바닥에 가라앉은 안료까지 골고루 저어준다.

② 도료 양을 계산한다.(예: 후드패널 400~600g)

③ 도료를 계량컵에 계량하여 담는다.(또는 전자저울을 사용한다)

④ 희석시너를 제품설명서 기준으로 일정 비율(전자저울)로 점도를 만든다.

### [5] 베이스 코트 도료를 혼합한다(현장 조색도료).

① 색상코드에 맞는 배합 비를 준비한다.

② 전자저울을 "ON"시킨다.

(a)

(b)

그림 7-8 전자저울 "0"점 조정

③ 전자저울 위에 빈 비닐 컵을 올려놓고 영점("0")을 누른다.

④ 배합 비에 나타나 있는 수지(Binder)를 일정량 투입한다.

(a) (b)

그림 7-9 수지(Resin)와 안료 혼합

⑤ 양이 많은 조색제를 먼저 계량하여 순서대로 투입한다.

⑥ 하나의 조색제를 투입한 후에는 반드시 영점을 눌러 준비상태("0"세팅)로 만든다(비적산식).

⑦ 배합 비에 맞게 모든 조색제가 투입하고 혼합막대로 골고루 혼합한다.

⑧ 골고루 희석된 원액 도료에 희석시너를 비율에 따라 투입하여 충분히 교반하여 분산시킨다.

(a) (b)

그림 7-10 조색 배합비에 따른 도료 혼합 및 시너 배합

## [6] 유용성 베이스 코트(Base Coat) 도장한다.

베이스 코트(1액형) 도료는 우레탄 도료(2액형)에 비교하면 도장 작업 후 건조성이 좋아 도장 작업 속도가 매우 빠르다. 베이스 코트 도장시 플래시 오프타임(작업실 온도, 송풍, 습도 등)을 고려하여 1~4분 내외를 적용시켜, 은폐와 얼룩이 발생되지 않도록 한다.

① 혼합한 도료를 여과지를 거처 스프레이건에 담는다.

② 송진포로 도장면에 묻어 있는 미세먼지를 에어블로잉(에어로 불어주는 행위)과 함께 깨끗하게 제거한다.

③ 1회 도장시 건과 패널과의 거리(약 18~25cm 정도)를 평소보다 멀리 하고 스프레이건 운행속도를 조금 빨리 하여 얇게 도장한다.

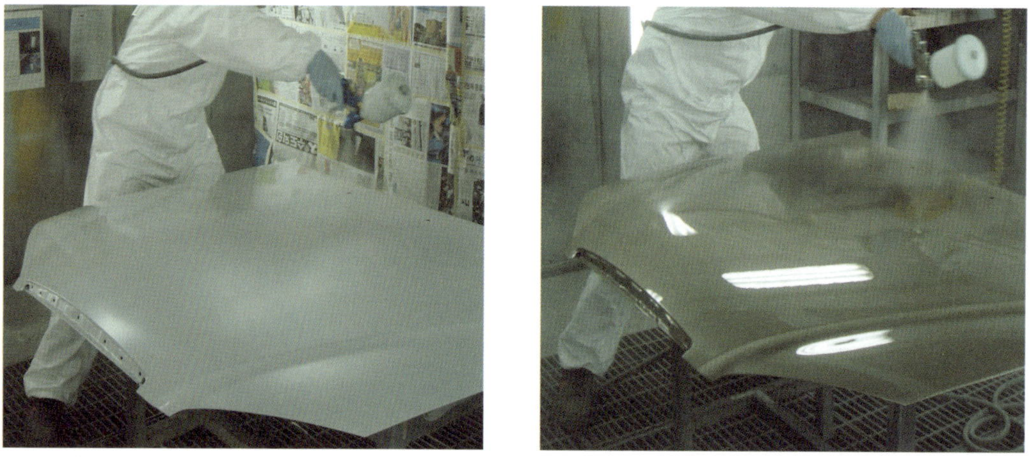

(a) (b)

그림 7-11 1회는 가볍게, 2회는 촉촉한(Wet) 도장

④ 바탕이 비춰져 보일 정도로 가볍게 도장한다.

⑤ 1분(2분) 정도 플래시 오프 타임을 적용하여 시너 및 용제가 증발하여 도막이 형성되어 가는 과정을 육안으로 확인이 가능하며 젖은(Wet Coating) 상태에서 2번째 도장을 할 경우 이색 및 얼룩이 발생할 수 있으므로 적당한 건조 시간을 갖는다.

⑥ 2차 도장은 처음 도장보다 거리를 더 가까이 거리를 유지하면서 도장한다(일반적인 패널과 거리는 약 15cm~20cm이다).

(a)

(b)

그림 7-12 스프레이건과 피도체와의 거리

⑦ 2회 도장은 일정한 도막 두께를 올린다는 생각으로 스프레이건의 운행속도는 1회 도장보다 천천히 작업하며 겹침을 일정하게 하여 도막이 촘촘하게 될 수 있도록 도장(wet coating)한다.

⑧ 두 번째 도장 작업이 완료 후 2차 플래시 오프 타임(약 5~10분)을 적용한다.

(a)

(b)

그림 7-13 마지막 도장(패널이 Wet 상태에서) 방법

⑨ 통상적으로 메탈릭 베이스 코트 도장시 도장횟수는 3회~4회를 기준하며, 3회 도장은 도료 분사량을 줄이고 덜 촉촉한 느낌으로 도장하여 메탈릭 은분 입자가 평활성(얼룩 및 이색방지)을 주는 도장을 한다. 2회 도장보다 도막이 두껍게 도장될 경우 얼룩, 이색, 뭉침 등이 발생할 가능성이 있다.

⑩ 마지막 도장은 도막이 형성되는(Wet Coating) 상태에서 Light 또는 Drop 도장이라 하며, 가볍게 얼룩을 없애기 위한 도장법이다. 건의 운행 속도는 비슷하며 분사량을 줄이거나, 압력을 낮추어(예: 2bar를 기준 약 1bar로 낮춤) 도장하며, 건과 피도체와 거리는 평소보다 조금 더 멀리(45~50cm) 해서 가볍게 도장한다.

(a)

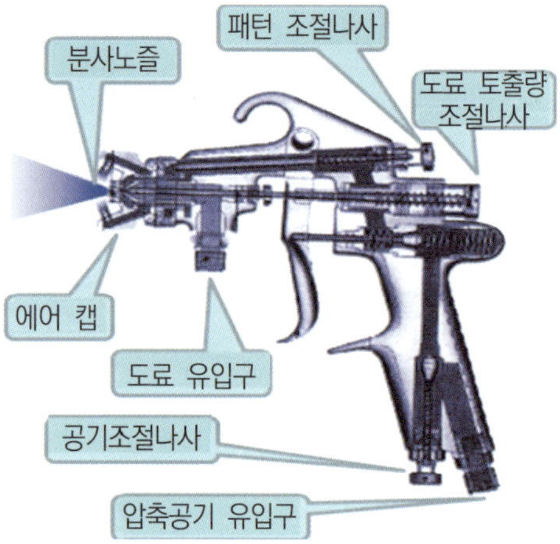


(b)

그림 7-14 스프레이건의 구조 및 노즐 크기

| 구 분 | 스프레이 기준 | 조 건 |
|---|---|---|
| 도장면과 거리(cm) | 일반적인 방법 | 15~20 |
| | Light or Drop<br>(도료의 양을 적게 도장하는 방법) | 25~30 |
| 건 운행 속도<br>(cm/sec) | 일반적인 방법 | 30~60 |
| | Light or Drop<br>(도료의 양을 적게 도장하는 방법) | 60~80 |
| 패턴 겹침 폭 | 일반적인 방법 | 3/4 |
| | Light or Drop<br>(도료의 양을 적게 도장하는 방법) | 1/3~1/2 |

### [7] 클리어 코트(Clear Coat)를 도장한다.

칼라 베이스의 보호막을 만들어 주는 클리어 코트는 1C1B 시스템의 솔리드 색상에서의 2액형 우레탄 도료와 유사하다.

① 클리어 코트 도료를 준비한다.

② 사용할 적절량의 주제를 먼저 일회용 비닐 용기에 담는다.

③ 주제에 맞는 경화제를 비율에 맞게 계량하여 혼합한다.

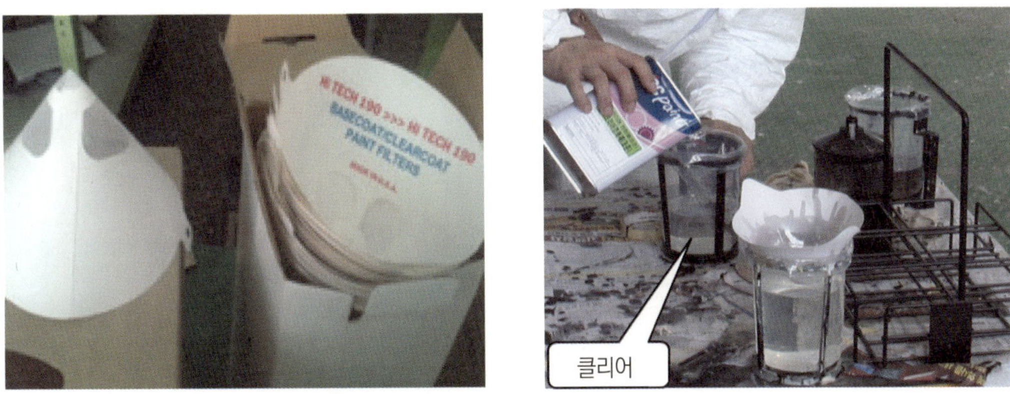


그림 7-15 클리어 코트 및 여과지

④ 주제와 경화제를 도료 막대(스패추라)를 이용하여 충분히 교반한다.

⑤ 클리어 코트를 여과지를 통하여 스프레이건에 담는다.

⑥ 표면에 유분(기름)이나 이물질의 여부를 확인하고, 도장하기 바로 전 송진포를 이용하여 도장면에 미세먼지를 제거한다.

⑦ 일반적인 클리어 코트 도장 횟수는 2~3회를 도포한다.

⑧ 1회 도장 시 분사량을 줄여 가볍게 얹힐 정도로 도장한다. 한 번에 많은 양을 분사하여 도막을 두껍게 되지 않도록 한다.

⑨ 가장자리 부분과 엣지 부분 및 틈새를 먼저 도장한다.

⑩ 2회 도장하기 전 1차 도장의 도막두께에 따라 용제가 증발할 수 있도록 1~2분 정도 플래시 오프 타임을 적용한다.

(a)

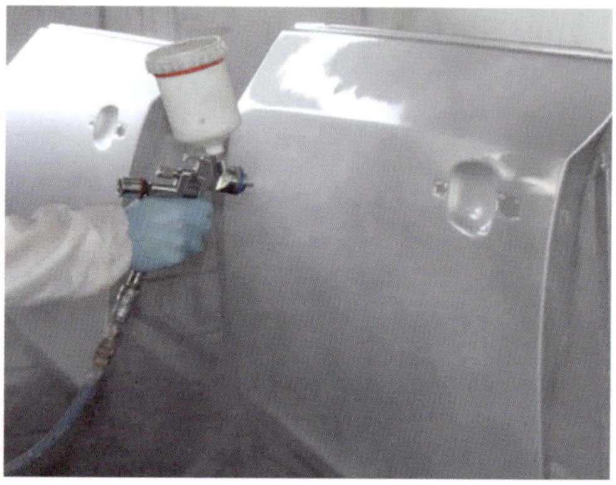

(b)

**그림 7-16** 클리어 코트 1회 도장 및 2회 도장

⑪ 2회 도장은 도료의 토출량을 충분히 열어 도막을 올리는 방법을 도장한다. 2회와 3회 도장시 도료의 총량을 100을 생각할 때 50 : 50 또는 60:40으로 도장계획을 생각한다.

⑫ 2회 도장 후 3회 도장 전까지 충분히 플래시 오프 타임 후 도막두께에 따라 지촉건조 시간은 5분~10분 정도 적용한다.
패널 주변의 마스킹 종이나 패널 거치대에 묻은 도막을 만져보고 이를 기준하여 지촉건조 상태를 판단하고 3회 도장을 한다.

⑬ 3차 도장은 표면의 레벨링과 광택을 확보하기 위해 겹침, 운행속도, 건과 패널과의 거리를 일정하게 도장하여 도막을 형성시킨다.

⑭ 열처리는 온도를 높이기 전에 도막 내부에 포함된 유기용제를 충분히 공기 중으로 서서히 증발시켜야 핀홀과 같은 도막결함이 발생하지 않는다. 강제건조를 하기 전 세팅타임은 도막두께에 따라 약 10분~15분 정도를 적용한다.

⑮ 일반적으로 베이스 코트에 사용되는 스프레이건과 클리어 코트에 사용되는 건을 구분하여 사용하고, 클리어에 사용되는 스프레이건 노즐 구경이 큰 편이다. 베이스 코트는 도장시 얼룩 발생을 방지하기 위해 도료의 미립화의 장점을 가진 노즐 사이즈가 작은 것을 선호하고, 클리어 코트는 얼룩 발생의 우려보다 도료가 얼마나 잘 분출되고, 도료 패턴이 넓게 분사되며 작업성능이 좋은 사이즈를 큰 것을

사용한다. 도장조건에 따른 도장 외관에 영향을 주는 인자를 숙지하는 것이 좋다.

**[도장조건에 따른 도장 외관의 영향]**

| 도 장 조 건 | | 도 장 외 관 | | 영향도 |
|---|---|---|---|---|
| | | 밝 음 | 어두움 | |
| 도장 | 도장온도 | 높음 | 낮음 | 크다 |
| 조건 | 도장습도 | 낮음 | 높음 | 적음 |
| | 환기통풍 | 좋다 | 나쁘다 | 보통 |
| 신나 | 증발속도 | 빠름 | 느림 | 크다 |
| | 사용량(희석률) | 과잉 | 부족 | 크다 |
| | 리타다 시너 | 미사용 | 많이 사용 | 크다 |

### [8] 세팅타임 적용 후 열처리(강제건조)한다.

클리어 코트 도장 후 세팅타임(열처리 전까지 도막 속에 잔류하는 용제가 자연적으로 공기 중으로 증발할 때까지 걸리는 시간)을 충분히 적용한 후 열처리(강제건조)를 한다.

(a)

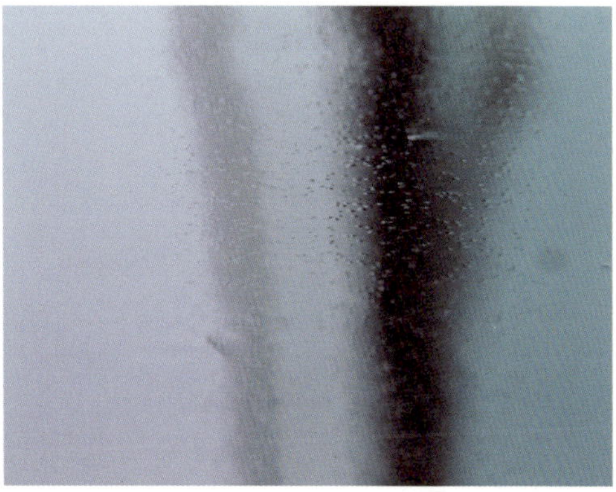

(b)

그림 7-17 세팅타임 없이 건조시 도장 표면의 시너 분출자국 발생

열처리 작업은 도료의 종류에 따라 제품설명서를 참조하여 작업한다. 클리어 코트와 같은 2액형 우레탄 도료는 도막두께에 따라 다소 차이가 있으나 일반적인 열처리 온도는 60℃(패널표면 온도)에서 30분 내외이다.

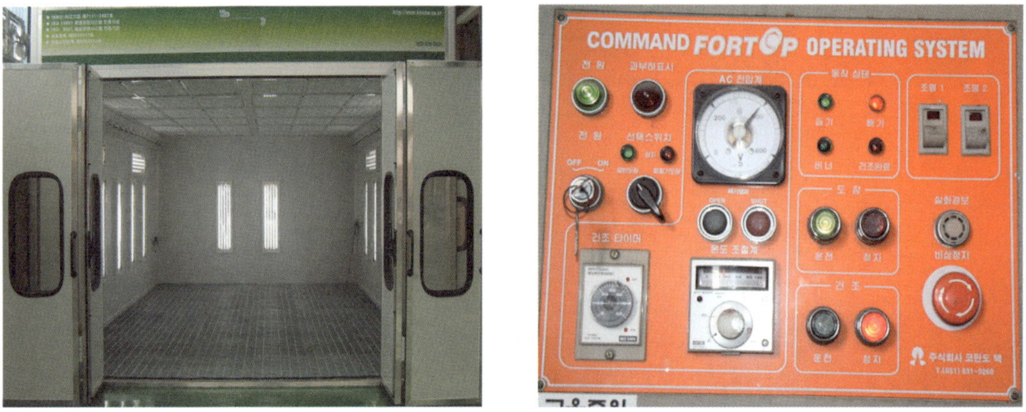


그림 7-18 **도장 부스 및 열처리 제어패널**

표준 열처리는 상온에서 ① 세팅타임을 적용 시간과 ② 예비 가열 건조(60℃에 도달할 때까지 시간) 시간과 ③ 패널이 열처리되는 시간(30분간 정도)을 말한다.

열처리 제어패널은 도장, 건조, 버너, 운전, 정지, 건조타이어, 온도조절계, 조명 스위치, 실화감지, 전원 스위치, 비상정지 스위치로 되어 있다. 전원 스위치와 조명 스위치를 ON(켜서) 도장실 내부의 조명을 밝히고, 도장 스위치를 ON(켜서)하면 잠시 후(5~8초)와 급기와 배기가 동작하여(램프 점등) 도장실 내부 천장에서 공기가 들어오고, 바닥에서 공기가 빨려나가 필터를 거처서 배기되어, 도장실 내부는 순화 형태로 맑은 공기가 계속 유지 · 공급된다. 이 상태에서 스프레이 작업을 실시하면 분사된 도료는 패널에 도막을 형성하고 나머지 분산된 도료는 바닥휠타 쪽으로 빨려 들어가 배기되어 맑은 상태로 작업환경이 조성된다. 도장 작업 후 건조 작업은 건조타이머(보통 30분), 온도조절계(60℃) 건조 스위치 또는 버너 스위치를 ON(켜서)하면, 건조가 동작시키면(램프점등) 도장실 뒤쪽 보일러가 가동되고, 보일러의 고열 공기가 천장 급기 통로를 통하여 도장실 내부로 고열의 열기가 공급되어 패널를 열처리하게 된다. 이때 열처리실 내부의 출입을 통제하고, 출입문을 닫아 열처리 과정을 살펴본다.

### [9] 스프레이건을 세척한다.

도장 작업 후, 스프레이건을 깨끗하게 세척해야 한다. 스프레이건 세척기를 사용하면 편리하나, 시너 소비량이 많으며, 분사되는 관 내부는 세척되지 않는다. 따라서 여분의 스프레이건에 세척 시너(락카시너)를 담아 패턴 폭 조절 나사를 조절(잠금)하여 분사 모양을 원형으로 조절하여 분사시켜 묻어있던 페인트가 쉽게 제거할 수 있다. 여분의 스프페이건의 에어 압력을 낮추고(약 0.3bar 이하) 세척할 건에 시너를 조금씩 분사하여 페인트를 녹여 제거한 다음, 종이 타월로 깨끗하게 외부와 내부를 닦아낸다. 그 다음 세척할 스프레이건에 시너를 담아 분사공의 막고 분사하여 분사관 내부를 가글하듯이 세척시킨다, 이와 같은 세척 방법으로 반복하여 분사 통로에 남아있던 찌꺼기 및 페인트 잔분을 제거한다.

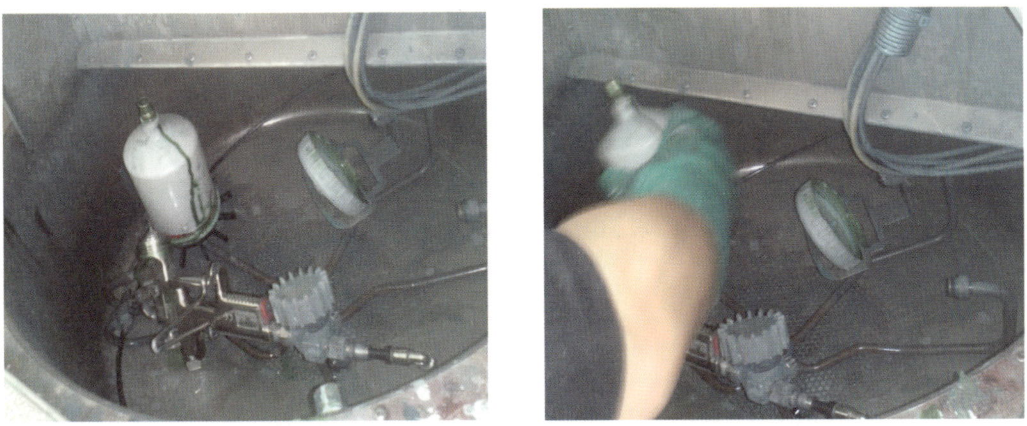

그림 7-19 스프레이건 건 세척기 및 건 세척 작업

## 3 3C1B(3Coat 1Bake) 도장하기

**학습목표** 3C1B(3Coat 1Bake) 도장을 할 수 있다.

3C1B 시스템 공정은 세 부분으로 나눈다. 바탕도료(칼라 베이스), 중간도료(펄 베이

스) 클리어 코트로 구성된다. 2C1B 공정에서 베이스 코트(Base Coat)와 클리어 코트 사이에 펄 베이스 도료가 중간에 들어간 형태라고 볼 수 있다. 바탕도료(칼라 베이스), 중간도료(펄 베이스)는 1액형이며, 클리어 코트는 2액형 도료이다.

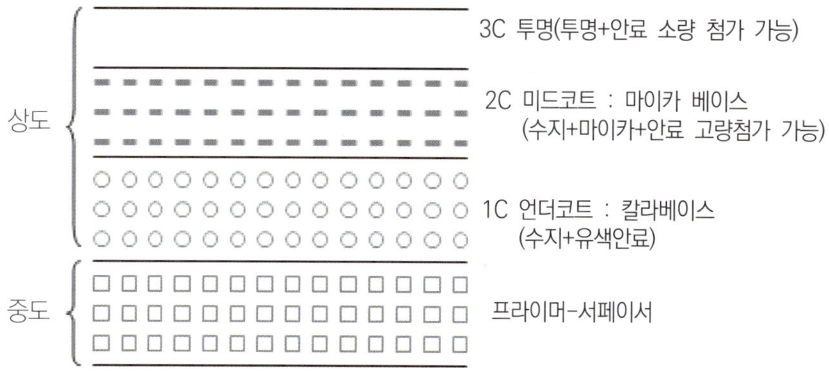


그림 7-20 3코트 도장공정의 도막

진주(펄)는 은은한 광택을 나타내며, 3코트 펄이 주류를 이루고 있다. 광학적 특성 때문에 펄은 현장에서 색상을 맞추며 조색하는 작업에 어려움이 있다. 바탕도료(칼라베이스)는 일반적으로 1액형 솔리드 도료이며, 3코트 펄은 다양한 펄이 적용되며, 최근에는 메탈릭과 펄을 혼합한 2C1B 타입이 증가하고 있다. 펄(Pearl)은 반투명 단백질과 칼슘 카보네이트의 겹층으로 이루어져 있으며, 핵을 중심으로 점점 진행되며 단단한 표피층을 형성한다. 여러 겹의 나이테를 형성한 진주는 각층마다 빛의 반사 각도가 달라지며 다양한 색을 나타낸다.

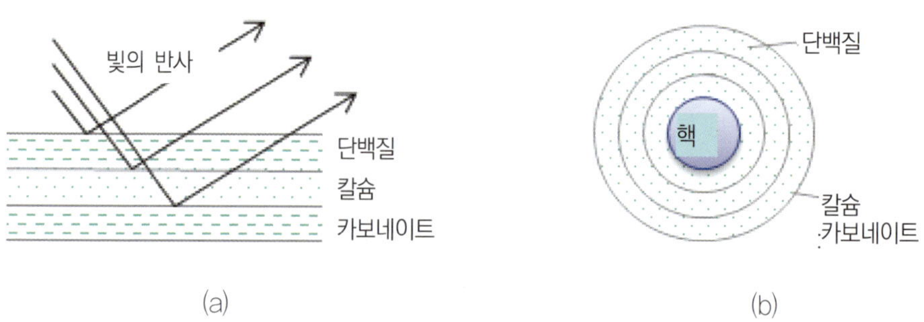


그림 7-21 펄의 구조

1액형 칼라 베이스를 도장, 건조 후 펄 안료를 도장, 건조 후 클리어 코트(Clear Coat)를 도장하는 공정이다. 3C1B는 3Coat 1Baking으로 3차례 도장(Coat)하고, 한차례 열처리(Baking)한다는 의미이며, 3코트 펄 도장공정이다.
1C1B 또는 2C1B 도장공정에 비교해 1~2회 공정이 더 추가되어 작업성 및 재료비 그리고 칼라 조색 측면에서 더 많은 작업과 시간이 필요하다.

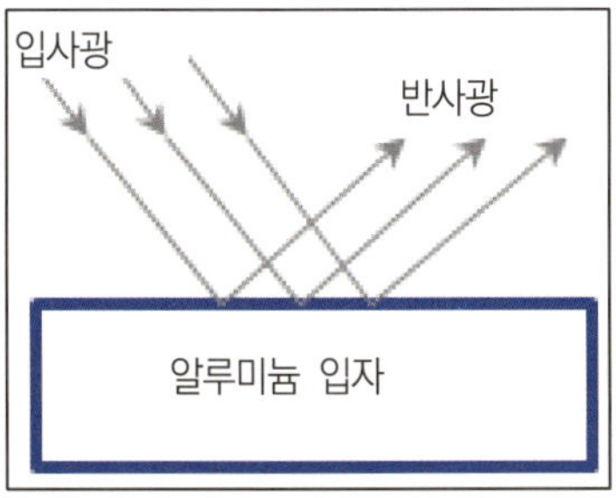


(a)

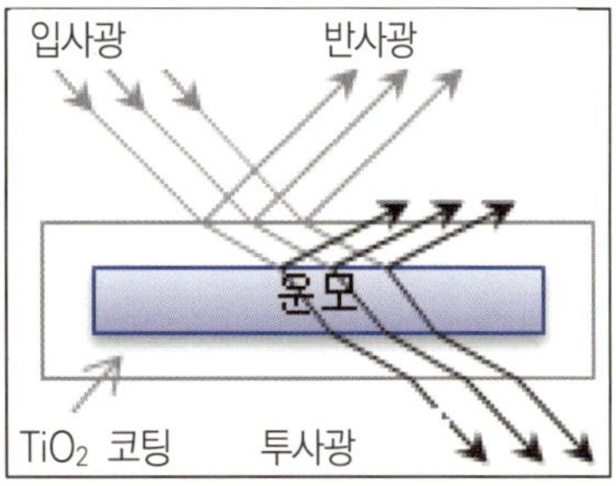


(b)

**그림 7-22 알루미늄 입자와 마이카 입자의 광학적 특성**

3코트 펄 도장공정의 안료는 운모(마이카, Mica)가 반투명체로써 알루미늄 입자와는 다르게 빛의 다중 반사, 산란, 간섭 등 광학적 성질을 있어 알루미늄 입자에서 볼 수 없는 독특한 색감을 갖는다. 마이카 베이스(미드코트)는 빛을 산란, 간섭 등의 특징으로 스프레이 작업시 은폐가 잘되지 않으며 얼룩이 발생하기 쉽다. 최적의 펄 색상 도막을 형성하려면 펄 입자가 균일하게 배열되도록 주의하여 스프레이 작업을 해야 한다.

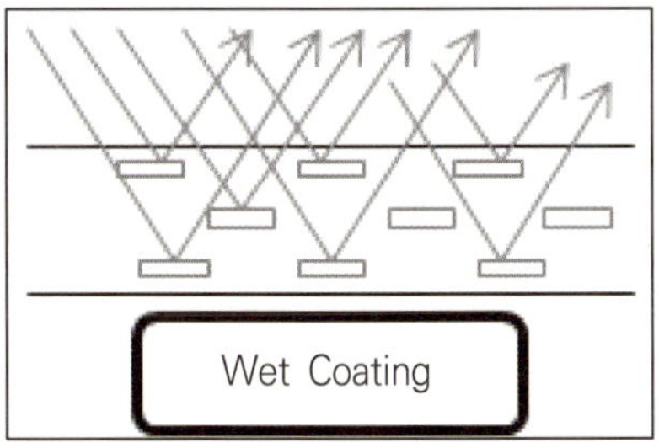


(a)

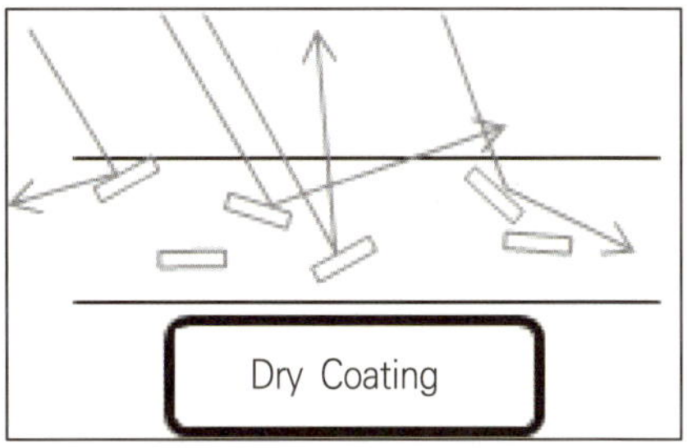


(b)

**그림 7-23 도장시 도료 입자의 배열**

## [1] 작업준비를 한다.

① 탈지제 및 세척시너, 종이 타월, 내용제성 장갑, 일회용 비닐장갑
② 마스크(유기용제), 마스킹 종이 및 테이프, 마스킹 디스펜서
③ 스프레이건(상도 전용), 여과지(mesh #220, #320), 건 세척기
④ 도장 패널, 칼라 베이스 도료, 펄 베이스 도료, 클리어 코트 도료

| 안전보호구 | 방전 마스크 | 내용제성 장갑 | 카본 방독면 | 공기공급 마스크 | 보안경 | 비닐 장갑 | 부스복 |
|---|---|---|---|---|---|---|---|
| 연마 | ● | | ● | | ● | | |
| 탈지 | | ● | ● | | ● | ● | |
| 도료혼합 | | ● | ● | | ● | ● | |
| 도장 | | ● | | ● | | ● | ● |
| 건세척 | | ● | ● | | ● | | |
| 폴리싱 | ● | ● | ● | | ● | | |

그림 7-24 각 공정별 안전보호구

## [2] 도장할 패널(연마면)을 탈지제로 깨끗하게 닦는다.

## [3] 도장할 패널(연마면)을 송진포(텍 클로스)로 미세먼지를 제거한다.

스프레이 작업 전 송진포를 이용하여 표면에 묻은 미세먼지들을 깨끗하게 제거한다.

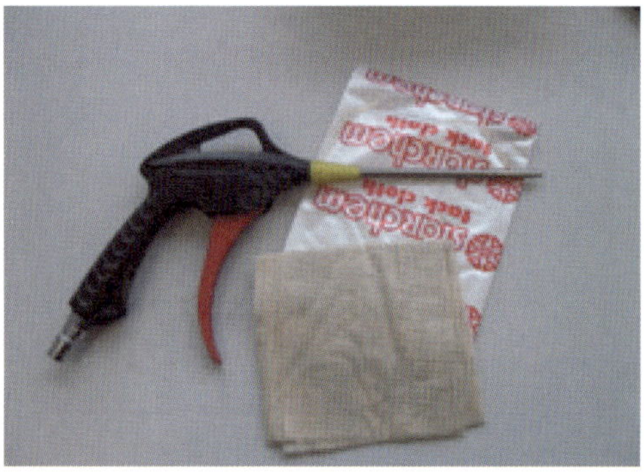

(a)

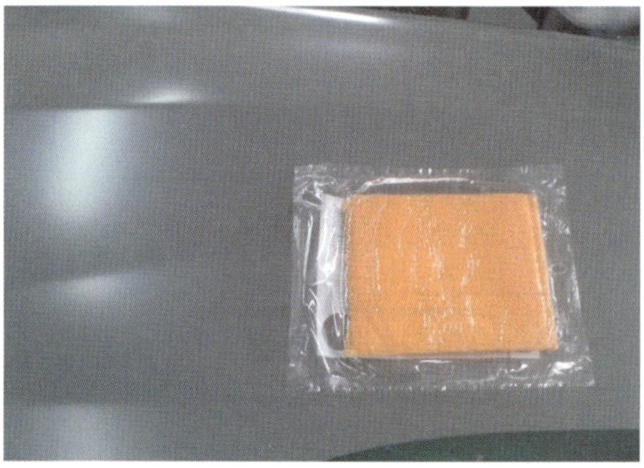

(b)

그림 7-25 송지포로 미세먼지 제거작업

### [4] 칼라 베이스를 준비한다(사전조색 - 부피비로 혼합).

① 칼라 베이스 도료의 뚜껑을 연다.

② 혼합 막대를 이용하여 밑바닥에 가라앉은 안료를 골고루 섞어준다. 또는 도료 교반기로 안료를 교반한다.

③ 패널 크기에 따라 도료의 양을 산정한다.(예: 후드 패널 총 400g~500g)

④ 칼라 베이스를 계량컵에 담는다.

⑤ 도료에 적합한 희석 시너를 일정 비율 혼합하여 희석시킨다.(예: 약 10~20% 시너 첨가)

⑥ 충분히 교반하고 점도(물성)를 확인하여 시너 첨가 여부를 결정한다.

(a)

(b)

그림 7-26 개별형 도료 교반기

### [5] 칼라 베이스 색상을 만들기(현장조색 : 무게비로 혼합)

① 색상코드에 맞는 배합 비를 준비한다.

② 전자저울을 "ON"시킨다.

③ 전자저울에 비닐 컵을 올려놓고 영점("0" set)을 누른다.

④ 배합 비율에 따라 수지(Resin)를 투입한다.

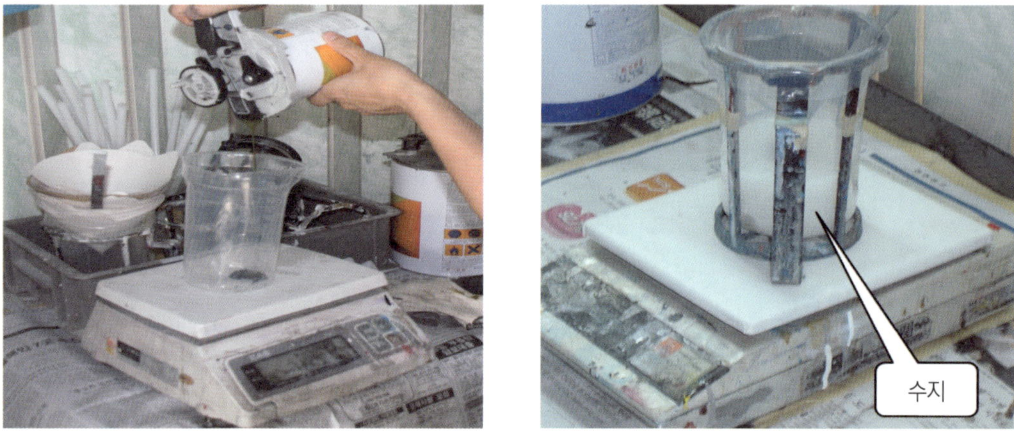


(a) (b)

그림 7-27 수지와 안료의 배합 비 혼합

⑤ 안료의 현장조색은 도료량 비율이 큰 순서대로 투입한다.

| 과제1 | 레드 | 과제2 | 블루 | 과제3 | 그린 | 과제4 | 옐로 | 과제5 | 그레이 |
|---|---|---|---|---|---|---|---|---|---|
| KB10 | 150.0 | KB10 | 150.0 | KB10 | 150.0 | KB10 | 150.0 | KB10 | 150.0 |
| KM 804 | 20.0 | KM 804 | 20.0 | KM 804 | 20.0 | KM 804 | 20.0 | KM 804 | 15.0 |
| KM 601 | 20.0 | KM 204 | 20.0 | KM 204 | 18.0 | KM 401 | 25.0 | KM 700 | 10.0 |
| KM 401 | 3.0 | KM 302 | 4.0 | KM 401 | 12.0 | KM 601 | 5.0 | KM 302 | 1.0 |
| KM 100 | 2.0 | KM 100 | 2.0 | KM 100 | 3.1 | KM 100 | 3.0 | KM 100 | 5.0 |
| 합계 | 195.0 | 합계 | 196.0 | 합계 | 203.1 | 합계 | 203.0 | 합계 | 181.0 |
| KB10 | 75.0 | KB10 | 75.0 | KB10 | 75.0 | KB10 | 75.0 | KB10 | 75.0 |
| KM 804 | 10.0 | KM 804 | 10.0 | KM 804 | 10.0 | KM 804 | 10.0 | KM 804 | 7.5 |
| KM 601 | 10.0 | KM 204 | 10.0 | KM 204 | 9.0 | KM 401 | 12.5 | KM 700 | 5.0 |
| KM 401 | 1.5 | KM 302 | 2.0 | KM 401 | 6.0 | KM 601 | 2.5 | KM 302 | 0.5 |
| KM 100 | 1.0 | KM 100 | 1.0 | KM 100 | 1.6 | KM 100 | 1.5 | KM 100 | 2.5 |
| 합계/2 | 97.5 | 합계/2 | 98.0 | 합계/2 | 101.55 | 합계/2 | 101.5 | 합계/2 | 90.5 |
| KB10 | 50.0 | KB10 | 50.0 | KB10 | 50.0 | KB10 | 50.0 | KB10 | 50.0 |
| KM 804 | 6.7 | KM 804 | 6.7 | KM 804 | 6.7 | KM 804 | 6.7 | [illegible] | 5.0 |
| KM 601 | 6.7 | KM 204 | 6.7 | KM 204 | 6.0 | [illegible] | [illegible] | [illegible] | 3.3 |
| KM 401 | [illegible] | [illegible] | [illegible] | KM 401 | 4.0 | [illegible] | [illegible] | [illegible] | 0.3 |
| KM 100 | 0.7 | [illegible] | [illegible] | KM 100 | 1.0 | [illegible] | [illegible] | [illegible] | 1.7 |
| 합계/3 | 65 | [illegible] | [illegible] | 합계/2 | 67.7 | [illegible] | [illegible] | [illegible] | 60.33 |

색상 안료

수지(KB10)

그림 7-28 색상별 수지와 안료량(예 : 솔리드 칼라)

⑥ 안료를 투입한 후 영점("0" set)을 누른다(비적산식).

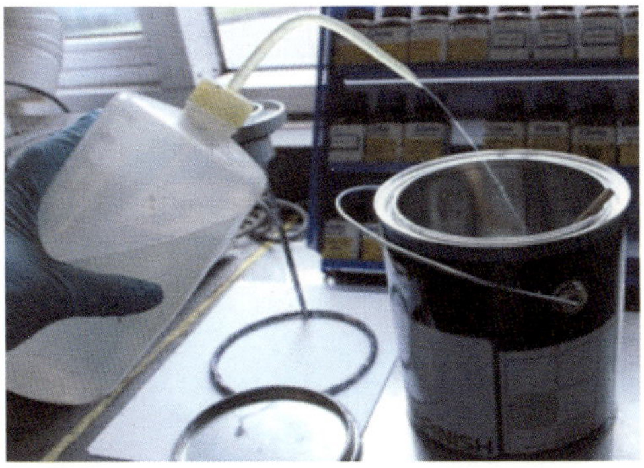

(a)

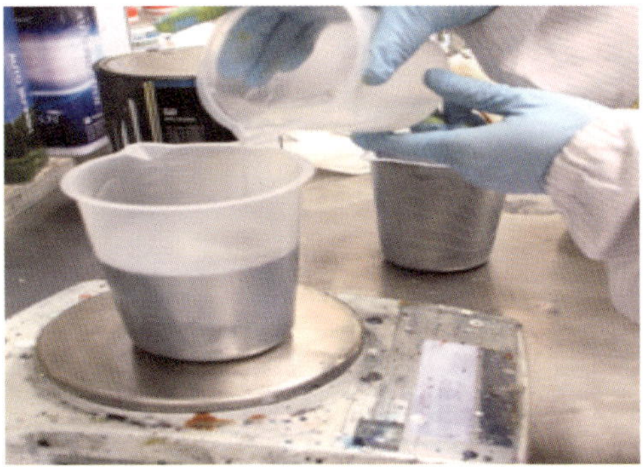

(b)

그림 7-29 적당한 점도를 갖기 위한 시너 혼합

⑦ 모든 안료와 수지를 투입하고 혼합 막대(스패추라)로 골고루 혼합한다.

⑧ 조색 도료에 희석 시너를 비율에 맞도록 혼합하고 충분히 교반하여 희석(적당한 점도를 가지게 한다)시킨다.

⑨ 희석 시너의 혼합비율은 통상 40%~80%(베이스 코트+수지)로 다양한 혼합비를 가지며 제품 설명서와 점도를 참조한다.

## [6] 베이스를 도장한다.

칼라 베이스는 건조속도가 빠른 편이며 매끈한 도막을 위해 적절히 플래시 오프 타임을 적용한다.

① 혼합한 도료를 여과지를 통해 스프레이건에 담는다.

② 송진포로 도장면의 미세먼지를 제거하거나, 에어 블로잉(압축공기로 먼지를 불어내어 미세먼지를 제거한다)으로 깨끗하게 만든다.

③ 처음 도장시 유의해야 할 사항은 도장면에 기름이나 왁스 끼로 인한 도장결함을 방지하기 위해 도료 분사량을 적게 분사하여 도장하며 상태를 점검한다.

④ 1회 도장은 건과 패널과의 거리(약 18~25cm 정도)를 평소보다 멀리 하고 건 운행속도를 조금 빨리하여 도장한다.(도장면에 적게 분사 위함)

⑤ 1차 도장은 얇은 도막으로 후속 도장시 플래시 오프 타임 없이 곧바로 도장이 가능하다.

⑥ 두 번째 도장 작업은 도막을 형성되도록 촉촉하게 광택이 나도록(wet coating) 도장한다. 드라이(Dry Coating)하게 도료가 날려 분사되지 않도록 주의한다.

(a)

(b)

**그림 7-30 초벌 도장 작업(하도 도장이 보일 정도로 얇게 도장한다)**

⑦ 칼라 베이스 도막 면이 매끈(wet)하지 않거나 거친(dry) 경우 펄 베이스 색상에 영향을 주기 때문에, 칼라 베이스 도장시 도장면이 클리어 코트를 도장하듯이 광택이 형성되도록 도장한다. 플래시 오프 타임을 적용한다.

⑧ 세 번째 또는 네 번째 도장으로 도장면의 은폐가 충분히 되도록 촉촉하게 도장(wet coating)한다.

⑨ 플래시 오프 타임을 충분히 적용하여 펄 베이스 도료를 도장할 때 건조 불량으로 펄 입자가 칼라 베이스 도막에 스며들어가는(박히는) 현상이 발생하지 않도록 한다.

⑩ 펄 도료는 도막 두께에 따라 칼라가 형성되므로 색상을 맞추기 위해 표준지(조색 시편)에 사전 도장을 작업하고 색상 변화에 따라 펄 도료의 도장 횟수를 결정한다.

### [7] 펄 베이스를 도장한다.

1액형 펄 베이스 도료는 베이스 도료보다 수지 성분이 많아 건조속도가 다소 느린 편이며 도장할 때 드라이(날림), 미디움(중간 정도 도장), 웻(wet; 광택이 나도록 촉촉한 도장) 도장에 따라 정면 톤 및 측면 톤의 색상과 명도 차이가 발생한다.

펄 베이스 도장시 주의사항은 도막두께(도장횟수=색상변화)를 알아내는 것이며, 도장 방법에 따라(wet+wet+dry, 또는 wet+dry+wet) 색상 톤이 변화하므로 색상에 따른 차량 도장 설명서를 참조하고 유사한 도장 방법으로 도장한다.

① 펄 베이스를 도장 전 칼라 베이스의 건조 상태를 확인한다. 칼라 베이스의 건조 전 펄 칼라 도장시 모래 알갱이처럼 도막 내부에 박히는 현상이 발생하여 색상(톤) 변화를 일으킬 수 있다. 베이스의 건조 확인 후 2회~3회 펄 베이스를 도장한다.

② 펄 베이스는 건조가 느리고, 마이카의 특징으로 은폐가 되지 않으며 바탕색이 비추는 특징을 이용하여 펄 입자를 투과한 빛이 칼라 베이스 바탕색을 산란, 간섭, 반사 등으로 펄 색상을 나타낸다.

③ 칼라 베이스는 솔리드 계통의 색상이며 유기안료에 비해 무기안료가 대부분을 차지하며 은폐성이 좋다.

④ 펄 베이스 도료를 세 번에 걸쳐 도장하게 되는데 이때 처음과 끝이 일정해야 한다는 점이다. 조색 시편을 제작할 때 도장 방법(분사량, 도장횟수, 압력, 분사 패턴 등)을 실재 차량에 반영하여 도장한다. 도장 방법이 다를 경우 정면 톤과 측면 톤의 색상 변화가 나타나며 이색현상이 발생한다.

⑤ 가장자리 및 틈새 부분을 먼저 도장하고, 패널 위에서 아래로 작업을 진행하며, 겹침과 운행속도를 일정하게 진행하고 촉촉하게 도장한다.

(a)

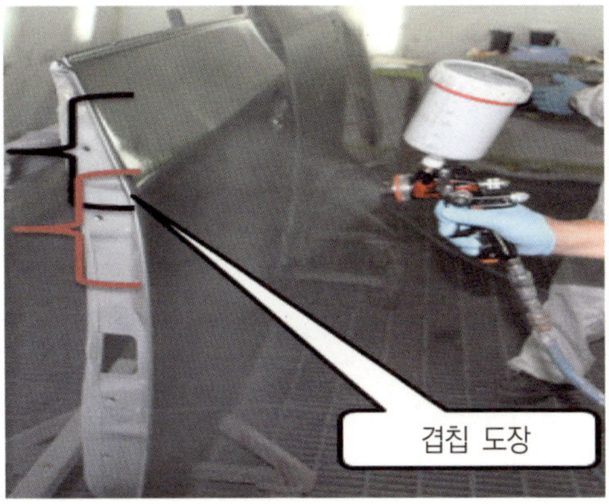


(b)

**그림 7-31 틈새 부분 도장 및 겹침 도장**

⑥ 드라이 도장을 할 경우에는 펄 입자의 배열이 불규칙하여 일정한 칼라 방향성을 기대하기가 어려우며, 이색현상이 발생된다.

[드라이 도장 조건]

| 건의 운행속도가 매우 빠른 경우 | 노즐 사이즈가 너무 작을 때 |
|---|---|
| 에어 압력이 높을 때 | 건과 피도체와의 거리가 멀 경우 |
| 칠이 부족하거나 가벼운 도장시 | 습도가 낮은 경우 |

⑦ 분사된 도료입자가 시간을 가지고 수평 배향을 할 수 있도록 촉촉하게 젖은 도장 상태(Wet)이며, 외력(공기압력 등)에 의한 펄 입자의 배열이 일부 달라질 수 있으며, 부분적인 칼라 얼룩 및 이색 현상의 원인이 되므로 에어 블로잉 등의 작업은 하지 않는다.

⑧ 펄 베이스 도막을 건조 후 2회~3회 도장을 진행하며 조색 시편 제작 방법으로 도장을 진행한다.

## [8] 클리어 코트(Clear Coat)를 도장한다.

2액형 도료인 클리어 코트는 베이스 페인트 위에 투명(클리어) 보호막으로, UV 차단, 송진, 긁힘, 낙진 등의 외부 환경으로부터 도장면을 보호하여 페인트의 수명을 연장하며, 반짝이는 광택을 제공하여 차량 외관의 고급스러움과 내구성을 높인다. 2C1B에 비해 지촉 건조 시간이 늦기 때문에 플래시 오프 타임을 길게 적용하고 적절히 파악한 후 도장 작업을 진행한다.

① 클리어 코트(주제와 경화제=2 : 1)를 준비한다.

② 사용할 적정량을 계산하여 주제와 경화제를 계량컵에 투입한다.

③ 주제(150cc)와 경화제(75cc)를 투입한다. 클리어 코트의 총량은 225cc이다.

④ 주제와 경화제를 교반하고 여과지를 통하여 스프레이건에 담는다.

⑤ 송진포를 이용하여 도장면에 미세먼지를 제거한다.

⑥ 일반적으로 도장횟수는 2~3회를 기준한다.

⑦ 처음 스프레이는 1/2 또는 1/3 도장법으로 분사량을 감소하여 가볍게(dry와 wet 중간) 도장하며, 접착성을 주며 면적을 넓게 만들어 주는 도장법을 적용한다. 후속 도장시 도막을 충분히 올릴 수 있도록 도장 표면을 만들어 준다.

**[도장 조건에 따른 이색 현상]**

| 밝아짐 | | 조건 | | 어두워짐 |
|---|---|---|---|---|
| 감소 | | 도료 함량 | | 증가 |
| 증가 | | 공기압 | | 감소 |
| 오픈 | | 송풍 | | 클로즈 |
| 멀리 | | 건 거리 | | 가까이 |
| 빠르게 | ⇦ | 건 스피드 | ⇨ | 느리게 |
| 길게 | | 세팅시간 | | 짧게 |
| 증량 | | 시너희석률 | | 감량 |
| 속건 | | 시너타입 | | 지건 |
| 작다. | | 노즐 크기 | | 크다. |

⑧ 가장자리 부분과 틈새, 굴곡 부분을 먼저 도장한다.

⑨ 1회 도장은 가볍게 도장하고 플래시 오프 타임은 1~3분 정도이다.

⑩ 2회 도장부터는 도료의 토출량을 충분히 열어 도막을 올린다. 2회~3회 도장시 도료의 양을 100으로 볼 때 50 : 50 정도 레벨링으로 도장한다.

⑪ 플래시 오프 타임 후 지촉건조될 때까지 약 7분~15분(도막 두께에 따라 다름) 대기한다. 지촉건조를 확인하는 방법은 마스킹 부분이나, 패널 작업대 주변 도막을 손으로 접촉하여 확인할 수 있다.

⑫ 3회 스프레이 도장을 완료하고, 도막에 포함된 유기용제를 공기 중으로 증발(자연건조)시켜 핀홀 등 도막결함이 발생하지 않도록 세팅타임을 적용한다(일반적으로 10분~15분 정도가 적당하다).

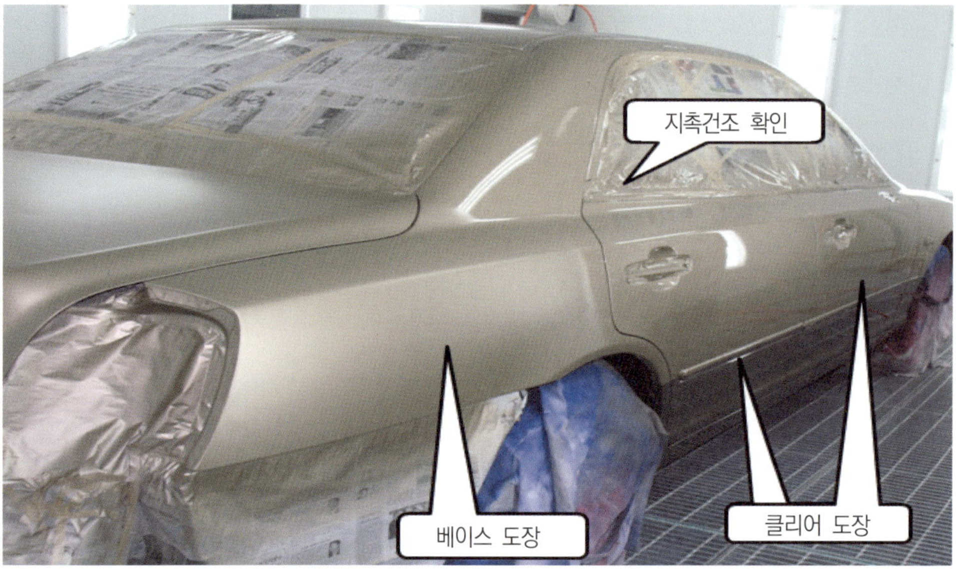


그림 7-32 지촉건조 확인

[신차 도막과 보수도장 도막]

| 신차 도막 | 도막 구성 | 보수도장 도막 |
|---|---|---|
| 35~50$\mu$m | 클리어 코트 | 40~50$\mu$m |
| 15~30$\mu$m | 베이스 코트 | 15~30$\mu$m |
| 30~40$\mu$m | 서페이서 도막 | 30~40$\mu$m |
| – | 퍼티 도막 | 최대 5mm |
| 20~30$\mu$m | 전착 도막 | – |
| – | 프라이머(에폭시, 워시) | 5~7$\mu$m |
| 3~5$\mu$m | 전처리 도막(아연) | – |
| 0.8mm | 철판(패널) | 0.8mm |

### [9] 세팅타임 후 열처리(강제건조)한다.

3코트 도막은 두껍기 때문에 클리어 도장 완료 후 세팅 타임(열처리 전까지 도막에 잔류하는 용제가 공기 중으로 증발할 때까지 걸리는 시간) 이후 지촉건조 확인 후 열처리한다. 열처리 작업은 제품의 설명서를 참조하여 실시한다. 클리어 경화시간은 60℃에서 30분 정도이나. 정상적인 표준열처리 시간은 상온에서 세팅타임을 적용한 것과 예비 가열 건조시간(60℃에 도달할 때까지의 시간)과 실제 열처리를 하는 시간(30분간)이 모두 포함된다.

### [10] 스프레이건을 세척한다.

도장 작업을 완료 후 스프레이건을 깨끗하게 세척한다. 캡, 노즐, 캔 뚜껑, 분해하여 세척하고, 건 세척 장비를 이용하면 편리하다. 스프레이건을 직접 세척하는 경우 여분의 스프레이건을 이용하여 세척하면 효과적이다.

## 4 수용성 도장하기

수용성 베이스 도장공정은 차량 보수도장에서 사용되는 환경친화적 도색 방식으로, 표면 처리(바탕면 처리)와 탈지, 퍼티 및 논샌딩 서페이서(또는 일반 서페이서) 작업(하도) 후 수용성 베이스 코트(중도)를 칠하고, 투명한 클리어 코트(상도)를 덧입혀 열처리, 검사로 마무리하는 과정이며. 유성 페인트 대신 물(수성)을 기반으로 하는 도료를 사용하여 환경 규제에 대응하고, 자동차 보수도장의 효율성과 안전성을 높이는 데 기여한다. 유성 도료에 비해 작업자의 유기용제 노출을 줄이고, 광택과 색상 균일성이 뛰어나며, 화재 위험이 적다는 장점이 있다.

### [1] 표면 처리

표면 처리(바탕면 처리)는 도장이 필요한 부위의 흙, 먼지, 기름때 등 이물질을 제거하고 표면을 균일하게 만드는 공정으로 유용성 도장공정과 유사하다.

### [2] 하도공정(퍼티 및 프라이머 도포)

퍼티 도포 및 하도(프라이머) 도포공정으로 부식 방지 및 도료 부착력을 높이기 위한 도장할 면에 따라 퍼티 및 프라이머를 도포하며, 유성성 도장공정과 유사하다.

탈지 작업은 수용성 전용 탈지제를 반드시 사용해야 한다. 유용성 탈지제를 사용시 도장 불량이 발생한다.

### [3] 중도(베이스 코트) 도포

중도(베이스 코트) 도포는 원하는 색상을 구현하는 베이스 코트(수용성 도료)를 도포하며, 수용성 베이스 도료 도장 작업으로 광택과 색상 균일성이 우수하다.

### [4] 싱도(클리어 코트) 및 열처리

상도(클리어 코트)는 도료 보호 및 광택을 위해 클리어 코트를 도포한다. 유용성 도장공정과 유사하다.

### [5] 열처리(강제건조) 및 검사

열처리는 도료를 건조하고 경화시키기 위해 강제 건조를 작업한다. 신차 도장은 130~150℃에서, 보수도장공정은 60~80℃에서 열처리가 진행하며, 유용성 도장 공정과 유사하다. 열처리 후 최종 도막의 외관과 물성을 확인한다.

### [6] 수용성 베이스 도장 작업

수용성 베이스 도장은 제품의 종류와 상태에 따라 약간씩 달라질 수 있으며, 특히 유성 도료에 비해 환경에 민감한 수용성 도료의 특성 때문에 온도, 습도, 탈지 및 세척 등 작업 환경 관리가 중요하다. 수용성 베이스 코트(바탕색)를 얇게 여러 번 도포하는 방법으로 도장한다. 유성 도료에 비해 휘발성 유기 화합물(VOC) 배출량이 적어 환경에 미치는 영향을 줄일 수 있으며, 작업자의 안전을 확보하고, 작업 환경의 유해성을 줄일 수 있다.

#### (1) 표면 처리(전처리)

샌딩 및 세척 작업으로 도장할 표면의 손상된 부위를 보원하고, 먼지, 유분, 오염물질을 제거하기 위해 수용성 탈지제를 사용해야 한다. 수용성 탈지제는 물에 잘 녹는 특성을 가진 세정제로, 표면에 묻은 기름, 왁스, 유기 오염물을 효과적으로 분해하고 제거한다. 일반적인 탈지제가 유기 용매를 사용하는 것과 달리 수용성 탈지제는 친환경적인 특성과 함께 높은 안전성을 제공하며, 알루미늄, 철, 스테인리스 등 다양한 금속 표면의 오염 제거에 사용한다.

① 물에 녹는 특성: 물에 잘 녹기 때문에 사용이 편리하고, 세척 후 물로 헹궈낼 수 있다.

② 친환경성: 유해한 유기 용매를 사용하지 않아 환경에 미치는 영향을 줄일 수 있다.

③ 안전성: 인화성이 없어 화재 위험이 적고, 인체에 대한 자극성도 낮다.

④ 우수한 세척 효과: 유지, 왁스 등의 유기 오염물에 침투하여 분해, 제거하는 효과가 있다.

⑤ 금속 재질 보호: 알루미늄, 철, 스테인리스 등 다양한 금속에 사용할 수 있으며, 표면 손상을 주지 않는다.

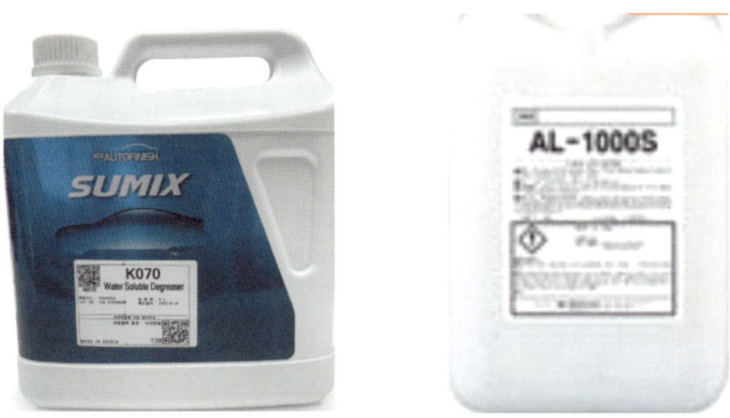


그림 7-33 수용성 탈지제

### (2) 논샌딩 서페이서

논샌딩 서페이서(Non-Sanding surfacer)공정은 서페이서 도포 후 연마(샌딩) 과정을 생략하여 도장공정을 단축시키는 공정으로, 표면의 유분 및 오염물 제거, 논샌딩 서페이서 도포, 건조 후 표면 먼지 제거 및 바로 후속 도장 순서로 진행한다.

건조시간이 너무 오래 지났거나(24시간 이상) 특정 부위의 연마가 필요한 경우에는 P600 등 고운 연마지로 표면을 처리한 후 도장한다. 일부분 논샌딩 서페이서를 도장할 경우, 도장 부위 바깥쪽 부분(구 도막)은 P400 정도의 거친 사포로 연마하여 경계면을 부드럽게 처리해 주어야 한다. 맨철판 위에 도장할 경우, 워시프라이머를 먼저 도포하고, 내식성을 확보한 후 중도 논샌딩 서페이서를 도장해야 한다.

| 소재별 | 색상 | 구분 | 주제 | 경화제 | TH0600 | 첨가제 | 비고 |
|---|---|---|---|---|---|---|---|
| 철판 & 전착 소재 | 논샌딩 (백색) | 부피비 | 5 | 1 | 1.5 | × | 범퍼용 첨가제 미적용 |
| | | 무게비 | 100 | 14 | 20 | × | |
| | 논샌딩 (흑색) | 부피비 | 5 | 1 | 1.5 | × | |
| | | 무게비 | 100 | 16 | 20 | × | |
| 범퍼 소재 (범퍼프라이머 미적용) | 논샌딩 (백색) | 부피비 | 5 | 1 | 1~2 | 1.5 | 혼합 후 15분 이내에 도장 |
| | | 무게비 | 100 | 14 | 10~20 | 20 | |
| | 논샌딩 (흑색) | 부피비 | 5 | 1 | 1~2 | 1.5 | |
| | | 무게비 | 100 | 16 | 10~20 | 20 | |

논샌딩 서페이서의 희석제 TH0600(KCC)를 혼합하여 점도는 1.13~15초(Ford Cup #4, 25℃)이다. 도장실 작업장 온도는 18~25℃, 습도 70% 이하이다. SPRAY 건은(예: RP 건(RP4000, RP5000):1.2 1.4mm, 분사압력은 1.5~1.6bar, 토출량 2바퀴, 도장횟수는 Non-Sanding 1회(WET), 도막두께 약 20~40㎛, Sanding 2회(WET-WET) 30~50㎛ 추천한다. 건조 시간은 25℃에서 20분(수믹스 후속도장 가능), 25℃에서 30분(유성 후속도장 가능), 열처리(강제건조) 60℃에서 10분 이상시 연마가능하다.

### (3) 수용성 베이스

수용성 베이스 도료는 물을 용매로 사용하는 친환경 페인트로, 휘발성 유기화합물(VOC) 배출을 줄여 환경 규제에 대응하며, 유성 도료에 비해 작업성이 우수하고 건조시간이 단축되는 장점이 있으며, 수용성 베이스 도장 후 클리어 코트와 경화되어 우수한 외관과 물성을 구현된다.

그림 7-34 수용성 수지(KCC)와 수성 베이스 코트(워터 Q)

다양한 자동차 색상을 수지 및 조색제(색상안료)와 배합비를 이용하여 도장 현장에서 직접 계량/조색하여 착색력과 빠른 건조성과 외관을 얻을 수 있는 자동차 보수용 수용성 현장조색 시스템으로 수용성 베이스 안료(색상도료)에 수용성 베이스수지(K9001 & K9002)를 혼합하여 사용한다. 물성(점도)을 주기 위해 희석제(K040, WR-10)를 첨가한다. 희석제는 DIW(De-Ionized Water)는 탈이온수로, 이온 교환 과정을 거쳐 물속의 이온을 제거한 순수한 물이다. 일반적인 물에 포함된 불순물, 미생물, 용존 가스 등이 제거되어 반도체 제조 공정, 약품 희석, 세척 등 고도의 정밀성이 필요한 분야에서 사용된다.

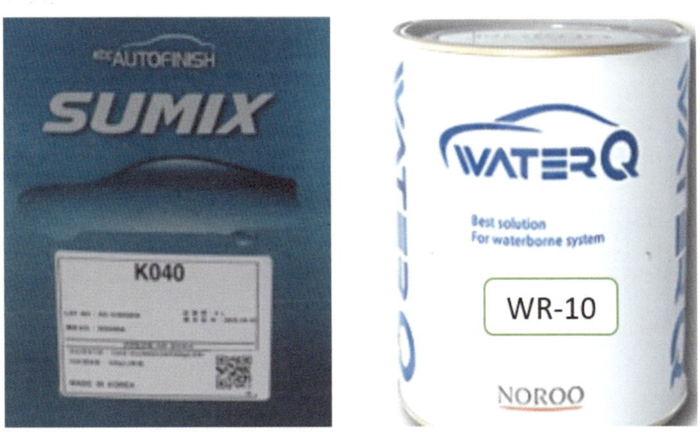


그림 7-35 수용성 희석제(KCC, 워터Q)

예: 수용성 페인트(KCC) = 수지(K9001) + 색상도료 + 수용성 희석제(K040)
수용성 페인트(워터큐) = 베이스 코트(안료+수지) + 수용성 희석제(WR-10)

### (4) 수용성 베이스 도장

① 도료 흐름성을 위해 연속 2회 Wet on Wet 도장을 권장한다.

② 1차 WET 도장은 도장거리 10~15cn로 은폐 목적으로 도장하며, 도료의 양을 적당히 분사하여 도막결함(흐름, 크레터링)에 주의하여 컨트롤하며 도장한다.

③ 1차 도장 후 WET(촉촉한) 상태에서 3~5분간 드라이젯(Dry Jet) 사용하여 건조시키면서 육안으로 광택이 없어지는 것을 확인할 수 있다. 광택이 없어지지 않은 부분은 계속 건조 작업을 실시한다.

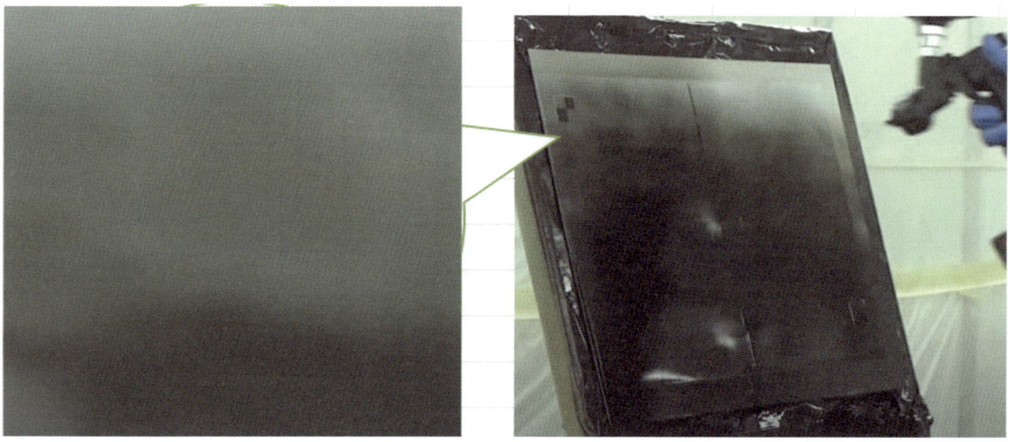

그림 7-36 수용성 베이스 시험도장

④ 건조 후 패널 표면을 터치하여 건조상태(패널 거치대, 마스킹 부분) 확인한다. 표면의 광택도를 판단하여 2차 베이스 작업을 진행한다.

⑤ 2차 스프레이 작업은 1차 도장 후, 2차 도장을 실시하며, 분사거리 10~15cm 유지하고, 1차 도장대비 60~80% 정도 분사량으로 도장한다.

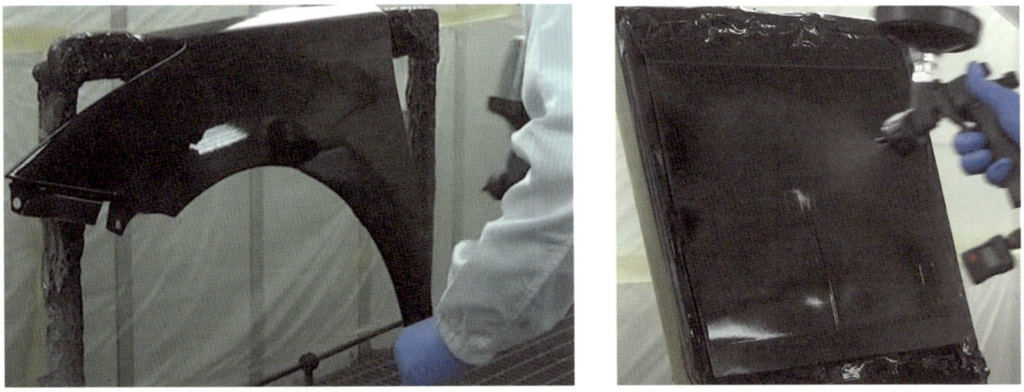

그림 7-37 수용성 베이스 WET 코팅 및 조색시편

⑥ 플래시 오프타임 작업은 에어를 이용한 건조기를 사용하며, Dry Jet 건조시 베이스가 밀리지 않도록 주의한다. 에어드라이젯 거리는 50cm 이상으로 작업하며, 패널 엣지 부분의 미건조 부분에 도장결함이 생기지 않도록 한다.

**[수용성 베이스 도장 방법]**

| 구분 | 내용 | SPEC |
|---|---|---|
| 혼합비 | 수용성 희석제 10~20% | 수용성 희석제: K040 |
| 스프레이건 | 중력식 스프레이건 기준 | 수용성 중력식 |
| 분사 압력 | 중력식 스프레이건 기준 | 1.6±0.1bar, 1.8bar |
| 도장 방법 | 솔리드 색상 2회 WET-WET<br>메탈릭 색상 3회, WET-WET-MIST<br>(건조 2~5분 Air Dry Jet 사용시/세팅타임 10분 이상) | 건조도막 두께<br>: 15~20㎛ |
| 건조 방법 | 자연건조 및 강제건조 | 건조도막 두께<br>: 15~20㎛ |

⑦ 수용성 메탈릭 도장은 wet-wet-mist 순서로 진행한다. 1회 wet 도장으로 진행하고, 2회 도장은 1차 wet 도장 대비 60~80%로 도장한다. 작업시 도장실 온도와 습도에 따라 겹침폭을 알맞게 조절하며, 일반적으로 겹침폭은 1/3 중첩 도장한다.

⑧ 스프레이건 운용은 보통 아래에서 위로 진행하여 겹침폭을 도장하는 것이 좋다. 패널이 작아 도장면이 적을 경우 위에서 아래로 도장해도 문제가 없지만 도장면적이 넓은 경우 도료 입자가 아래로 날려, 아래쪽 표면에 미스트가 발생하므로 위로 올라가면서 도장하는 것은 좋다.

⑨ 스프레이건 운용(진행)은 패널 표면(중간/안쪽)부터 도장을 하고 도막이 젖은 상태에서 외곽(테두리/엣지) 부분을 도장하여 마무리한다. 수용성 스프레이건 운용은 아래에서 위, 패널 표면에서 엣지순으로 진행한다. 유용성 스프레이건 운용과 반대 방향으로 진행된다.

⑩ 수용성 베이스 도장의 변수는 더스트(dust 먼지), 습기, 온도에 도막두께, 오버스프레이 등을 주의해야 한다.

⑪ 수용성 도료의 특징은 오버 스프레이와 dry coating시 분사된 도료에 가스가 차거나 dust 현상이 발생하고, 클리어 작업시 유용성은 날림(dry coting) 입자가 클리어와 반응하여 일부분 녹아 들어가 표면이 매끄럽게 처리가 되나, 수용성 도료는 날림(dry coating) 도료가 클리어에 스며들지 않아 더스트 발생시 표면이 거칠어지게 되어 클리어 공정에서 커버가 되지 않는다. 베이스 코드 도장시 날림칠(dry coating)과 dust(먼지발생)가 되지 않게 주의해야 한다.

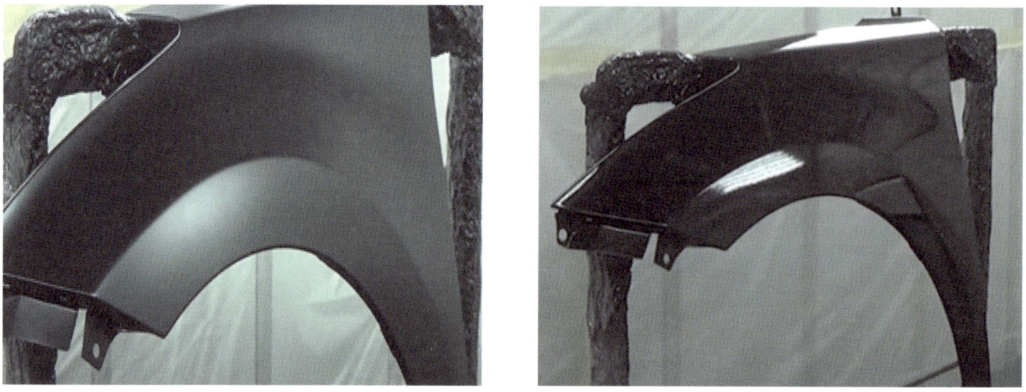

그림 7-38 수용성 베이스 건조 및 클리어 도장

⑫ 건조 후 3회 도장은 미스트 도장(mist coat)으로 1차 wet 도장 대비 20~30% 정도로 도장한다.

⑬ 분사거리는 20~30cm로 1,2회 도장보다 멀리서 도장한다. 메탈릭 얼룩 방지와 입자 정렬이 목적이며 3회 도장은 1,2회 도장보다 도료의 분사량이 적어 dry coat가 되지 않도록 주의하여 도장한다.

⑭ 3차 도장은 mist 도장으로 wet 도장처럼 촉촉한 정도는 아니지만 메탈릭의 반짝임이 있는 정도로 도장하는 것이 중요하며, 너무 반짝임이 나타나는 dry cort가 되지 않도록 주의하여 도장한다. 수용성 도장의 dry cort 현상은 겨울철 부스 온도를 올려놓고(25~30도) 작업시 습도가 20% 이하로 되는 경우 더스트 현상이 발생하고, 드라이 코팅이 발생할 경우 지건 희석제을 사용하여 이를 방지할 수 있다.

K090 지건희석제와 표준희석제(K040)를 적절하게 혼합하여 더스트 현상을 방지할 수 있다(K090(5%) + K040(5%) 혼합하여 사용한다).

| 지건 희석제 사용 방법 | | |
|---|---|---|
|  | 혼합비율<br>도료: 희석제<br>(K040+K090) | 기존 희석제 50%를 K090 대체(최대 5%)<br>예: K040(5%) + K090(5%) |
| 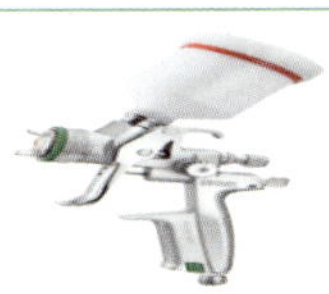 | 스프레이건<br>중력식 | 1.6±0.1bar<br>1.8bar |
|  | 도장 횟수<br>솔리드 색상: WET-WET<br>메탈릭 색상: WET-WET-MIST | |

그림 7-39 지겐 희석제 수용성 베이스

⑯ 클리어 도장은 AIR JET를 사용하여 10분 정도 건조 후, 클리어 코트를 도장한다. 클리어 도장 전 특히 겨울철에 습도가 낮을 경우 정전기로 인한 먼지가 패널 표면에 부착되는 것을 방지하기 위하여, 정전기 방지건(정전기 방지 스프레이건)을 사용하여 미리 에어로 분사하여 패널에 정전기를 제거하고 클리어를 도장한다. 클리어 1차 도장은 WET 도장을 기본으로 하되, 크레터링(분화구 모양), 흐름 등 도장결함이 우려될 경우 컨트롤 도장(기본적인 WET 도장에서 20% 내외로 도료량을 줄여 WET 도장한다)을 진행한다.

⑰ 크레터링은 오염물질로 인해 발생되기 때문에, 오염원을 제거해주는 것이 제일 좋다. 도장공간을 외부에서 유입되는 공기와 먼지를 최소화할 수 있도록 다른 공정과 격리하고, 도장실 입구를 이중문으로 출입에 공기의 이동을 최소화하는 것이 좋으며, 도료의 교체나 보충시, 주변의 오염물질이 같이 유입되지 않도록 주변을 깨끗이 청소하는 것이 좋다. 전처리 과정에서 탈지 및 세척이 중요한 작업이며, 수압과 노즐의 위치, 라인의 속도 등을 점검하고, 전처리액 탱크를 주기적으로 청소해야 한다. 크레터링이 발생한 부분은 사포(샌드페이퍼)로 제거하며, 피도물의 표면까지 샌딩하여 도료에 파무친 오염물질을 제거를 해주어야 한다.

## [7] 재도장공정

### ① 수용성 베이스 도막결함

수용성 도장공정은 탈지 작업을 완벽하게 진행한다면 도막결함 발생이 적다. 시너가 첨가되지 않아 중도/하도를 녹이는 현상, 지지미(주름) 발생이 드물다. 크레터링 발생은 수용성 도장공정에서 많이 나타난다. 대부분 오염물질이나 그 흔적이 남는 경우 발생한다. 기름(오일), 실리콘, 그리스, 가공유 등에 의한 오염이며. 이런 오염물질(contaminant)의 종류가 매우 다양하다. 전처리 과정에서 잔존한 가공유나 유분, 전처리액(탈지, 피막 등)의 잔류로 인해 공기 중으로 유입되어 피도물에 묻는 경우, 도료 자체의 오염, 패널 오염 등 오염원이 매우 다양하다.

② 재도장공정

도막결함 부분은 마른 헝겊에 물이나 수용성 탈지제(K070)를 충분히 적셔 제거할 부분을 닦아 내거나 또는 세척제(K050)를 사용하여 제거할 수 있다. 시간이 경과하면 도막이 단단해져 제거하기가 어려우며 재도장시 1시간 이내에 제거해야 한다. 시간이 경과(1시간 이상)된 패널을 재도장하기 위해 도막결함 부분을 잘 건조하고 연마지로(P600~P1000) 샌딩한다. 연마 후 송진포를 사용하여 연마부위를 닦아낸다. WET-건조-WET 도장공정으로 진행한다. 재도장 1차 도장 후 Air Jet로 건조하고 수용성 송진포를 이용하여 dust도 제거하고 2차, 3차 순으로 도장한다.

# 안전위생과 품질관리

08

CHAPTER

08

# 안전위생과 품질관리

## 학습목표

1. 도장 작업의 안전사항을 알 수 있다.
2. 폐기물 처리 및 작업관리를 할 수 있다.

도장재료는 유기용제와 시너가 포함된 제품으로 만성중독을 일으키는 화학적 물성을 포함하고 있다. 사용재료에 대한 정확한 정보와 유해물질은 되도록 사용을 억제해야 하며, 도장안전에 대한 안전교육은 물론 일일 안전구호 제창 및 지적확인 등의 안전의식 교육은 습관화해야 한다. 안전보호구 착용을 생활화하며 자신의 건강을 유지하기 위해 작업환경은 항상 청결해야 한다.

특정 폐기물처리법에 관한 환경대책 면에서 도장사용 재료는 취급에 매우 주의해야 하는 사항으로 작업 공정시 안전과 직접 관계된다. 안전위생에 대한 대책과 설비 등 모든 작업공정은 각별한 관리가 필요하다.

# 1 도장 작업의 안전위생

**학습목표** 도정 작업의 안전사항을 알 수 있다.

도장 작업에서 퍼티 연마작업시 발생하는 분진에 대한 대책과 시설장비 등 법적기준에 대해 관리가 요구된다.

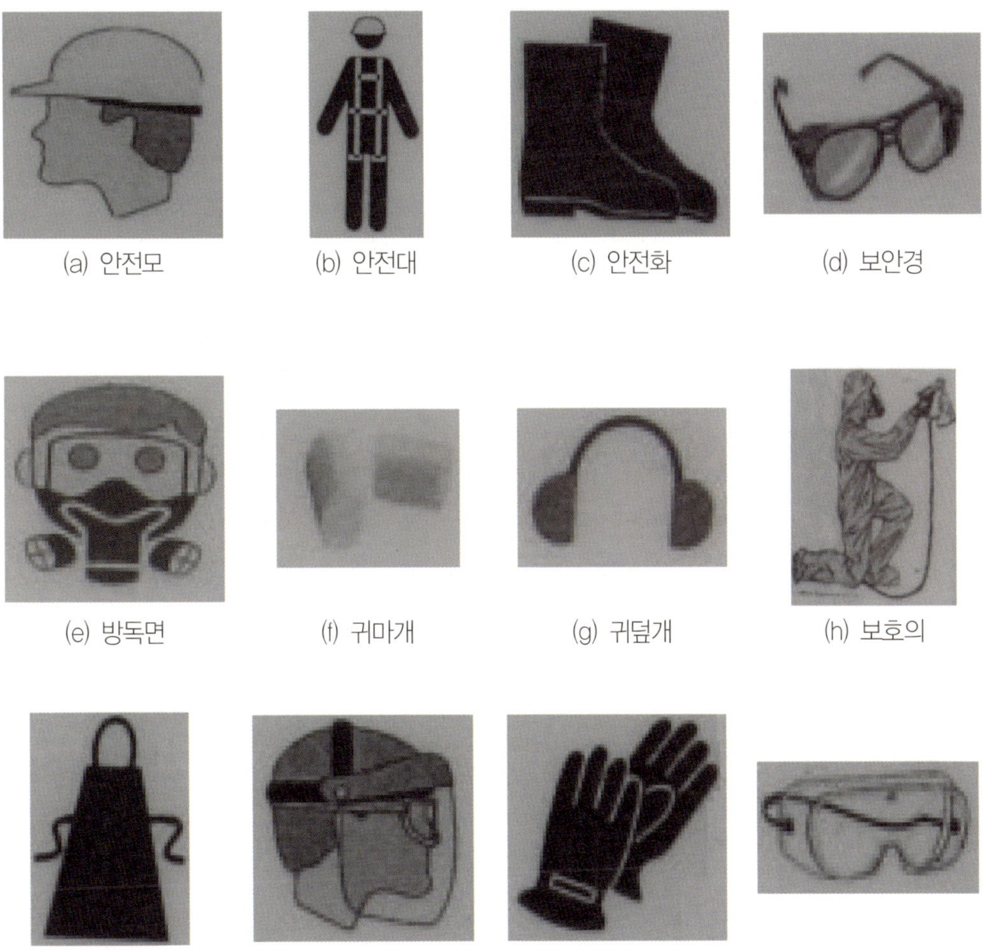

(a) 안전모 (b) 안전대 (c) 안전화 (d) 보안경

(e) 방독면 (f) 귀마개 (g) 귀덮개 (h) 보호의

(i) 앞치마 (j) 안면보호구 (k) 보호 장갑 (l) 고글

**그림 8-1** 개인 안전보호구

## 1.1 분진

### 1.1.1 위험성

구도막 박리와 제거, 퍼티연마 및 프라이머 서페이서의 연마작업 등에서 발생하는 분진은 장기간에 걸쳐 인체에 흡입되면, 호흡 기능에 장애를 일으켜 진폐 및 천식의 원인이 된다. 따라서 다음과 같은 안전시설과 용품을 착용해야 한다.

### 1.1.2 안전용품

방진용 마스크를 착용하고 작업한다. 그 밖에 흡진기능이 갖추어진 샌더를 이용한다. 샌더의 흡진 장치만으로는 완전히 퍼티의 분진을 처리할 수 없기 때문에 바닥면 및 벽면으로부터 분진을 흡입하는 설비(샌딩실)가 있는 장소에서 작업한다.

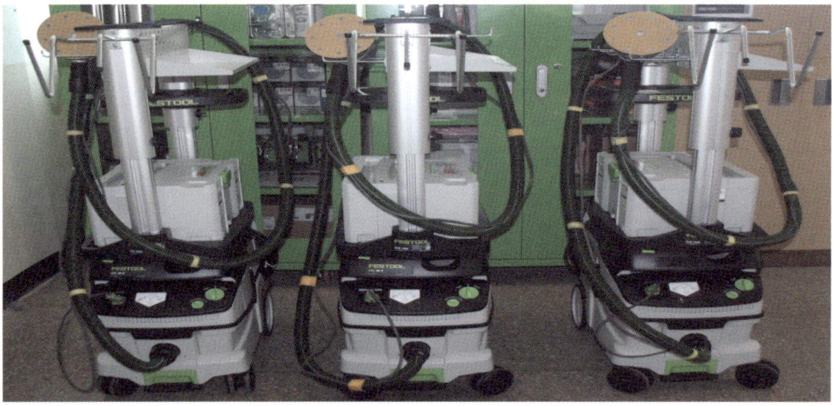


그림 8-2 이동식 샌딩 및 흡진기 일체형

또한 연마 후 청소할 때 방진마스크를 착용하고, 에어 블로워에 사용하는 더스트건 등은 가급적 사용을 억제하여 분진이 널리 확산되지 않도록 한다. 작업자뿐만 아니라 주위에 방호구가 없는 다른 작업자에도 영향을 받지 않도록 해야 하며 에어 블로워는 공정과정에서 반드시 실행하는 작업 이외에는 작업하지 않는 것이 좋으며, 작업장 전체에 분진이 발생하지 않도록 청결한 작업환경을 만드는 것이 무엇보다 중요하다.

### [1] 방진마스크

연마할 때 발생되는 퍼티가루 및 구도막 분말이 흡입되지 않도록 하기 위한 중요한 방호구이다. 방진마스크는 컵타입이거나 거즈 마스크타입 등 여러 가지 종류가 있으며, 합성섬유의 부직포로 만든 간이형에서부터 활성탄을 넣어 유기용제 전용으로 냄새 방지기능이 부가되거나 흡기와 배기밸브가 장착되어 시너의 흡입을 차단하는 제품까지 부착되어 있다.

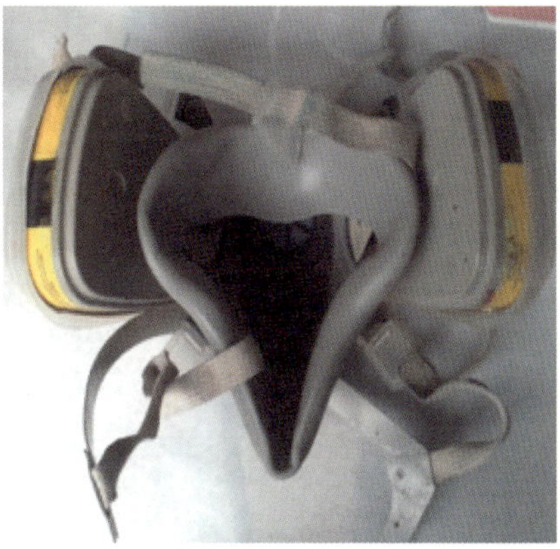

(a)

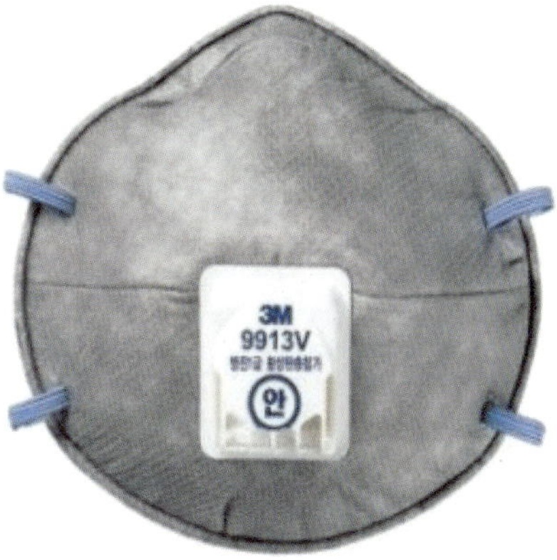


(b)

그림 8-3 **방진마스크**

방진마스크에는 인증제품을 사용하며, 특히 도장 작업장에서는 합격품을 사용해야 하고 코와 입을 덮도록 장착하지 않으면 효과가 충분히 발휘되지 않으므로 정확하게 장착하여 사용한다. 또한 유효기간이 지난 제품은 방진능력이 저하되므로 사용하지 않는다.

### [2] 보안경

보안경은 분진이 눈에 들어가 상처를 입히는 것을 예방한다. 보통 안경 위에 장착할 수 있는 것도 있다.

### [3] 집진장치

흡진 샌더나 흡진 손 연마 파일에는 집진 주머니가 부착되어 있는 것도 있으나, 연마시에 발생되는 분진을 모으기 위해 여러 종류의 흡진 기기가 있다. 간단한 타입은 공업용 필터의 파이프에 흡진 샌더 등의 호스를 연결하여 집진하는 방식이다.
흡진능력은 샌더 1대에서부터 여러 대 정도이며, 필터의 능력이 높은 것으로 천장이나 벽에 단독으로 흡진 닥트에 편성하여 공장 내에 배관하여 어떤 작업 공간에서도 흡진할 수 있어 편리하다.

(a)

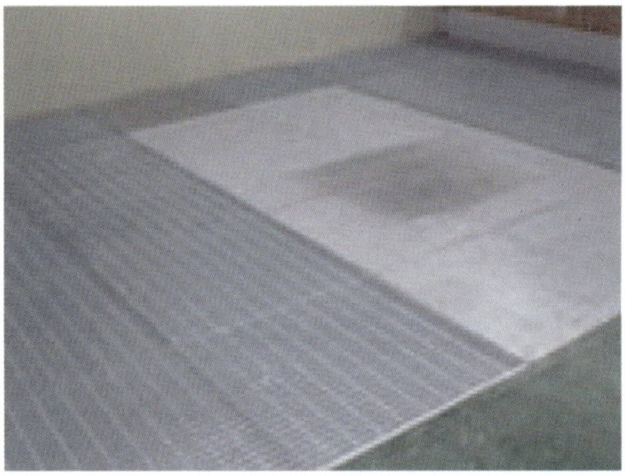

(b)

그림 8-4 이동식 집진기 및 피트식 집진장치

그 외에 건식도장 부스와 같이 피트식으로 바닥으로부터 빨아들여, 집진하는 타입도 있다. 흡진 호스를 바닥에 설치되어 있는 피트의 격자에 꽂아 사용하므로 주위에 날아 흩어지는 분진도 피트 아래로부터 빨아들일 수 있으므로 집진대책은 보다 확실하다.

## 1.2 유기 용제

### 1.2.1 위험성

도장 작업에서 취급하는 도료나 시너류는 가연성 물질로서 만성중독을 일으키는 인체에 유해한 화학물질이다. 도장 작업에서는 유기 용제를 흡인하지 않도록 도장마스크를 착용함과 동시에 직접 피부에 닿는 것을 되도록 피해야 한다.

유기 용제는 피부에 스며들기 쉬우며 조색이나 스프레이건의 세정 등 도료나 시너를 취급할 경우에는 용제에 용해되지 않는 내용제 장갑을 사용해야 한다. 중금속 화합물의 위험성과 유해성 정보는 다음 표와 같다.

**[중금속 및 화합물 위험성과 유해성 정보]**

| 항목 | 위험성 및 유해성 정보 |
|---|---|
| 카드뮴 화합물 | 백혈구에 영향 발암성은 효소나 단백질과 결합하여 배설되지만 신장, 간장에 축적 신장장애로 인한 골연화증, 카드뮴 중독의 원인 |
| 아연 화합물 | 농축된 산화아연 증기 흡입시 기침, 한기, 발열, 구역질, 구토 분진 흡입시 기침, 두통, 오한, 발한, 백혈구 증가<br>산화아연의 허용 노출시간 : 5mg/m$^3$(8시간) |
| 티탄 화합물 | 산화티탄은 도료 중 백색 안료로서 대량 사용한다.<br>분진농도가 높은 경우 호흡기를 자극 |
| 코발트 화합물 | 피부염, 진폐, 최고 작업장 농도: 0.5mg/m$^3$, 정신신경 증상을 일으키는 만성독성, 분진의 호흡기 침입: 급성 폐렴 |
| 안티몬 화합물 | 흉부압박감, 편도선비대, 위장장애, 생식기능 쇄퇴, 신경계 현상 |
| 규소 화합물 | 실리카(SILICA), 소성 규조토, 활석(TALC) 클레이 석면(ASBESTOS)을 함유한 활석의 경우 발암성 문제 |
| 바륨 화합물 | 바륨의 수용성 화합물 : 맹독성 |
| 황산바륨 | 물에 불용성, 낮은 독성, 탄산바륨 : 산화바륨 및 메타붕산 바륨 : 의약 외 독극물 바륨 화합물의 분진입자는 기관지, 폐에 영향을 미침. |
| 칼슘 화합물 | 크롬, 납, 몰리브덴 등을 함유한 것은 급성 독성, 만성독성 등 유해성<br>탄산칼슘, 황산칼슘 분진 흡입 등의 문제 발생 낮은 독성, 급성 독성 |
| 칼륨 화합물 | 부식성, 자극성. 크롬, 망간, 몰리브덴, 불소드의 화합물 : 유해성<br>크롬산 아연칼륨 : 급성 독성 마그네슘 화합물 |
| 니켈 화합물 | 니켈제 손목시계, 밴드 등과 같은 제품 : 피분에서 땀 등으로 용해되어 니켈염에 의한 피부염, 니켈 분말은 흡입 또는 부착시 피부염, 결막염, 인두염, 두통, 구역질, 구토감 |

| 항목 | 위험성 및 유해성 정보 |
|---|---|
| 지방족 탄화 수소계 용제 | 주된 유해성은 고농도 노출에 의한 급성 독성 중추신경 억제작용(마취작용) 등 급성독성 대체로 탄소의 수가 많을수록 급성 독성이 강함, 급성 독성의 증상으로는 현기증, 구토증, 점막자극, 식용부진, 보행실조, 마취작용, 마비, 호흡억제, 혼수상태 |
| 지환족 탄화 수소계 용제 | 사이클로 헥산의 급성 독성은 중추 신경 억제작용을 한다, 독성은 지방족 탄화수소계 용제보다 약함 |
| 방향족 탄화 수소계 용제 | 발암성 및 만성 중독이 분명히 인정된 벤젠을 제외하면 탄화소수가 커지는 정도에 따라 TWA값이 작아지는 경향 |
| 벤젠 | 발암성, 마취작용에 의한 급성 독성 만성 독성으로 조혈기능 장해 재생, 불량성 빈혈 및 백혈병 불순물로 미량 벤젠이 혼입시 독성우려 |
| 톨루엔 | 혼입마취약의 하타론이나 클로로포름과 동일한 정도로 급성 독성은 고농도 노출에 의한 중추 신경계 억제작용, 수면, 두통, 피부의 지각 이상, 사지의 지각 이상 20000ppm(2%)인 경우 5분에서 10분 사이에 심장정지 |
| 메탄올 | 경피흡수, 자극성, 눈, 심장, 신장, 소화기의 영향, 만성 독성은 신경장해 |
| 에탄올 | 자극성, 점막 장해작용 |
| 이소프로필 | 알코올 경피 흡수, 자극성, 마취작용 |
| 에스테르계 용제류 | 급성독성은 비교적 낮음, 노출시 눈이나 기도 점막자극, 흡입이나 흡수로 마취작용. 메틸아세테이트의 경우 시신경 장해로 실명 |
| 케톤계 용제류 | 공통적으로 목 및 피부의 자극성, 증기에 의한 노출로 코, 눈, 기도의 자극, 각막 손상의 우려, 고농도 노출 마취작용, 의식 상실 |
| 급성독성 염소계 용제류 | 중추신경 억제작용, 초기 증상으로 현기증, 두통, 권태, 구역질, 구토 발생. 고농도 노출시 마취작용, 사망 |
| 페놀계 용제류 | 페놀은 피부와 접촉시 염증을 일으키고 괴사각막, 결막의 염증, 기침이나 가래 등 기도 자극 증상, 사지의 근육통, 간장의 종대, 혈청의 상승 |
| 크레졸 | 접촉시 피부, 점막을 강하게 자극노출에 의하여 각막, 결막의 염증 고농도 노출시 신요세관장해, 간장의 충혈, 세포의 괴사 중추신경의 억제, 허찰 상태를 거쳐 죽음에 이른다. |
| 염소계 용제류 | 분해성은 안 좋으나, 축적성은 낮고 어독성은 중간 염소계 용제의 토양 오염 및 지하수 오염이 문제가 된다. |
| 포름알데히드 | 중간 정도의 급성독성을 가진 것. 눈, 피부에 대한 자극성, 부식성, 감각성 사람의 유전자 손상 우려 |

| 항목 | 위험성 및 유해성 정보 |
|---|---|
| 이소시아네이트 화합물 | 증기, 미스트 및 분말은 눈 및 상부 호흡기, 기관지 자극, 천식증기, 미스트 다량 흡입시 폐수종, 비교적 저 농도의 증기, 미스트 흡입시 과민성 폐렴, 장기간 증기, 미스트 노출시 폐기능 저하, 경구적으로 섭취한 경우 독성은 낮지만 내용물, 식도 및 점막 부식 |
| 에틸렌글리콜 | 급성독성, 피부, 눈, 기도에 대하여 자극성, 반족접촉시 피부염 |
| 프로필렌글리콜 | 무색무취의 액체로 독성은 극히 낮음, 급성 독성, 식품 첨가물로 지정, 눈, 피부에 약한 자극성 습진 우려 |
| 글리세린 | 독성이 낮고 식품첨가물, 화장품 원료, 흡입에 의해 눈, 피부를 자극, 아크롤레인 생성, 저장시 주의 요망, 연소, 고온, 강산화제, 흡습성 물질에 의해 분해하여 독성이 강함 |
| 트리메틸올프로판 | 알키드 수지, 폴리에스테르 수지의 원료, 우레탄 수지계 도료의 원료, 융점이 60℃로 상온에서 백색 결정상 플레이크, 분진 비산의 대책이 필요함<br>인 화합물, 강산, 산염화물, 산무수물과 접촉하여 발열, 저장시 주의 |
| 펜타에리스리톨 | 상온에서 백색 결정성의 분체, 피부, 눈에 자극성 흡입시 유독하고 경피 흡수의 경우도 유독, 분진폭발성, 강산, 산염화물, 산무수물과 접촉으로 발열, 저장시 주의 |
| 유기과산화물 | 분해를 일으키기 쉬운 화합물로 저장, 취급, 사용 등 주의, 신체 접촉시 염증, 눈에 들어갈 경우 실명 우려, 알레르기 반응 우려, 가소제 분자량이 클수록 독성은 크다. 분자량이 커서 수용성이 작아 위생성이 좋아진다. 방충제로 사용되는 것이 있지만 증기는 눈, 코의 점막에 가벼운 염증을 일으킨다. |

### 1.2.2 대책

#### [1] 유기 용제의 중독 예방

유기용제의 중독 예방에는 규제 대상이 되는 독성 물질을 사용할 경우가 많으며 안전수칙 및 의식교육이 필요하며, 작업장 내에 여러 가지 대책이 필요하다.

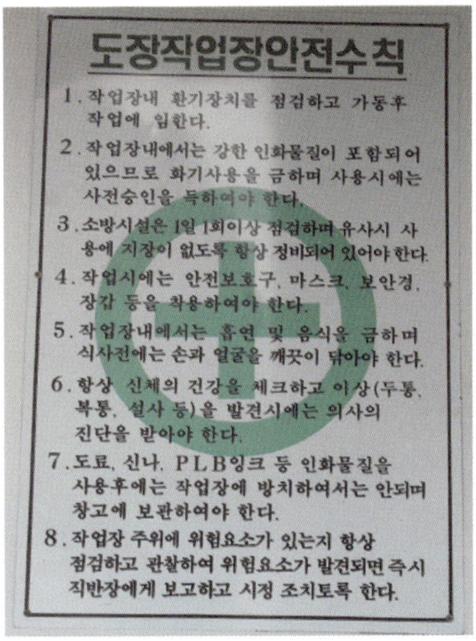


(a)

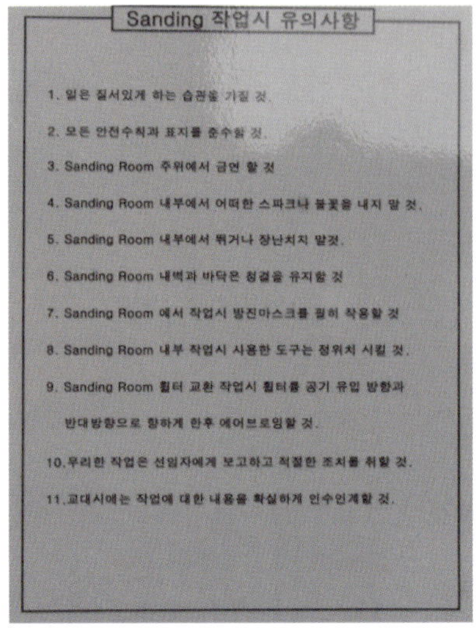


(b)

**그림 8-5** 안전에 관한 게시물

### (1) 게시물

도장 작업장에는 유기 용제의 처치방법, 위험성, 취급상의 주의, 안전수칙 게시판을 설치하고, 매일 안전의식을 갖도록 교육을 하여야 한다.

**[안전사항과 작업 유의사항]**

도장 작업장 안전수칙

1. 작업장 내 환기장치를 점검하고 가동 후 작업에 임한다.
2. 작업장 내에서는 강한 인화물질이 포함되어 있으므로 화기사용을 금하며 사용 시에는 사전 승인을 득하여야 한다.
3. 소방시설은 1일 1회 이상 점검하며, 유사시 사용에 지장이 없도록 항상 정비되어 있어야 한다.
4. 작업시에는 안전보호구, 마스크, 보안경, 장갑 등을 착용하여야 한다.
5. 작업장 내에서는 흡연 및 음식을 금하며

샌딩 작업시 유의사항

1. 일은 질서 있게 하는 습관을 가질 것.
2. 모든 안전수칙과 표지를 준수할 것.
3. Sanding Room 주위에서 금연할 것.
4. Sanding Room 내부에서 어떠한 스파크나 불꽃을 내지 말 것.
5. Sanding Room 내부에서 뛰거나 장난치지 말 것.
6. Sanding Room 내벽과 바닥은 청결을 유지할 것.
7. Sanding Room 내부 작업시 사용한 도구는 정위치시킬 것.

식사 전에는 손과 얼굴을 깨끗이 닦아야 한다.
6. 항상 신체의 건강을 체크하고 이상(두통, 복통, 설사 등)을 발견시에는 의사의 진단을 받아야 한다.
7. 도료, 시너, PLB잉크 등 휘발성 인화물질을 사용 후에는 작업장에 방치하여서는 안 되며 창고에 보관하여야 한다.
8. 작업장 주위에 위험요소가 있는지 항상 점검하고 관찰하여 위험요소가 발견되면 즉시 상급자에게 보고하고 시정 조치토록 한다.

8. Sanding Room 휠터 교환 작업시 휠터를 공기 유입방향과 반대방향으로 향하게 한 후 에어 블로잉할 것.
9. Sanding Room에서 작업시 방진마스크를 필히 작용할 것.
10. 무리한 작업은 선임자에게 보고하고 적절한 조치를 취할 것.
11. 교대시에는 작업에 대한 내용을 확실하게 인수인계할 것.

유기용제의 작업책임자 작업시에 유기 용제의 작업책임자는 위험물 안전관리자의 교육을 수료한 자가 관리하고, 개인 안전보호구 및 안전시설을 갖추어 책임관리해야 한다.

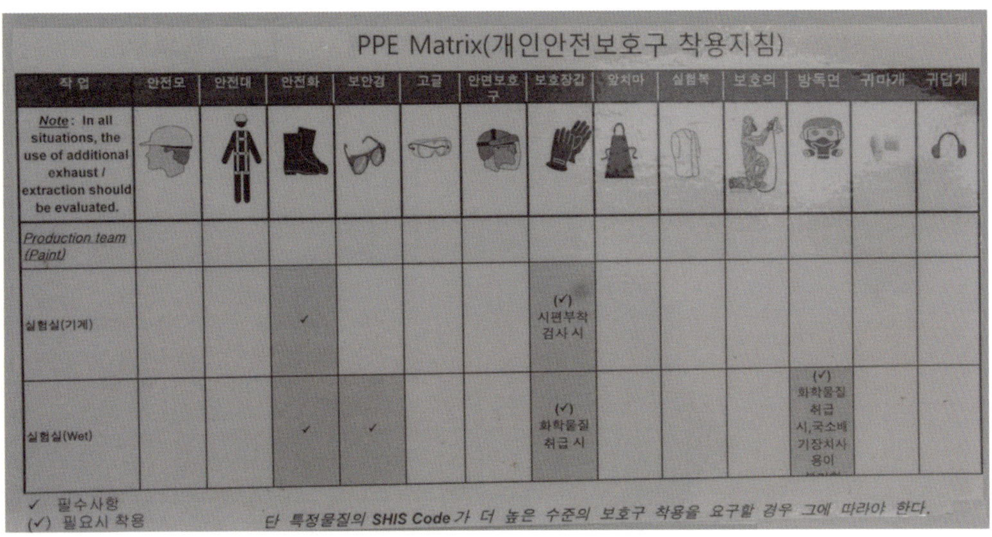
PPE Matrix(개인안전보호구 착용지침)

| 작업 | 안전모 | 안전대 | 안전화 | 보안경 | 고글 | 안면보호구 | 보호장갑 | 앞치마 | 실험복 | 보호의 | 방독면 | 귀마개 | 귀덮개 |
|---|---|---|---|---|---|---|---|---|---|---|---|---|---|
| Note: In all situations, the use of additional exhaust / extraction should be evaluated. | | | | | | | | | | | | | |
| Production team (Paint) | | | | | | | | | | | | | |
| 실험실(기계) | | | ✓ | | | | (✓) 시편부착 검사 시 | | | | | | |
| 실험실(Wet) | | | ✓ | ✓ | | | (✓) 화학물질 취급 시 | | | | (✓) 화학물질 취급 시,국소배기장치사용이 | | |

✓ 필수사항
(✓) 필요시 착용

단 특정물질의 SHIS Code가 더 높은 수준의 보호구 착용을 요구할 경우 그에 따라야 한다.

그림 8-6 개인 안전보호구 착용 지침

## (2) 도장부스

작업장의 환기를 위해서 국소 배기장치의 설치가 필요하며, 자가 보수는 푸시 풀

형과 똑같이 흐르는 환기장치가 적당하다. 즉, 상하 압송식 도장 부스에 대한 것으로서 풍양을 조절할 수 있다. 부스에는 열원을 수반하므로 방화관리자의 교육 등을 받아야 하며 철저히 관리한다.

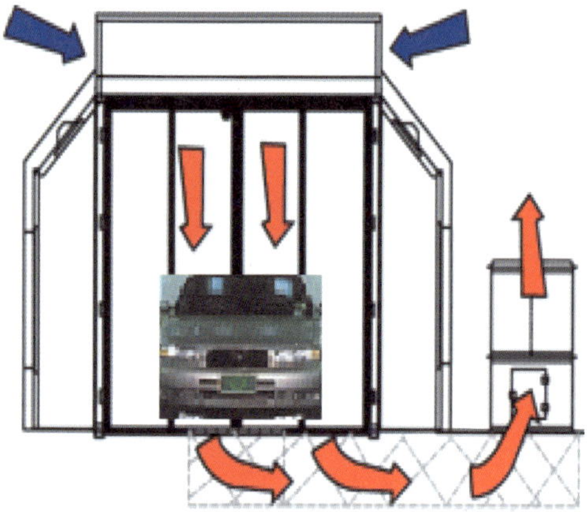

(a)

(b)

그림 8-7 도장 부스 환기시설

### (3) 건강진단

작업장의 유기 용제의 농도측정과 작업자에 대한 특수 건강진단을 6개월마다 실시하여 작업자의 건강상태를 확인한다.

## [2] 도장마스크

도장 작업은 부스를 사용하지 않아도 도장마스크가 필요하다. 목적에 따라서 다양한 종류가 있다. 활성탄을 넣은 간이식도 있으나 여기서는 유기용제의 흡수 통이 부착된 방독 마스크를 권장한다.

유효기간이 있으며 일정 기간 사용하거나 냄새를 느끼는 정도가 되면 새로운 흡수통으로 교환한다. 머리 전체를 쓰거나 또는 마스크 형태로 깨끗한 공기를 보내주는 송기 마스크도 있다.

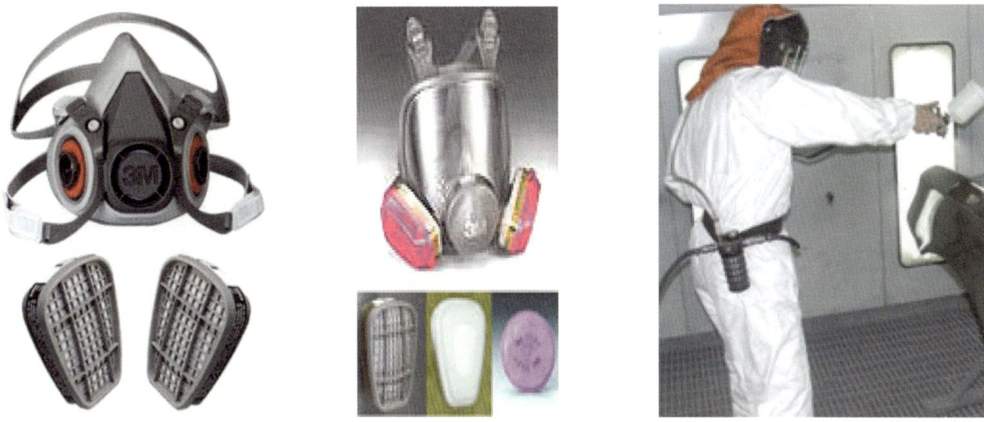

(a) (b) (c)

그림 8-8 방독 마스크

### [3] 내용제성 장갑

유기 용제는 피부를 통해 체내로 스며들며, 도료나 시너를 취급할 경우에 내용제성의 장갑을 착용해야 한다. 특히 피부가 민감한 사람은 더욱 주의해야 한다.

(a) (b) (c)

그림 8-9 안전위생 대책 용품

### [4] 핸드 클리너 보호 크림

도료를 취급하는 작업에 의해 오염된 손가락 등은 전용 핸드 클리너를 사용하고, 손이 트는 것을 방지하기 위한 보호 크림은 작업 전에 사용하면 더욱 효과적이다.

(a)

(b)

**그림 8-10** 안전위생 대책 용품

### 1.2.3 위험물의 보관

차체수리 공장에서 사용하는 도료류의 대부분은 수용성을 제외하고 대부분 가연물이며, 판금작업에서 폭발성이 있는 가솔린도 취급하기 때문에 화재나 폭발의 방지에 충분한 주의가 필요하다.

가연물은 안전한 장소를 지정하여 보관해야 하며, 지정된 장소 이외에는 방치하지 말아야 하고, 가솔린 등 휘발성 제품을 취급할 때는 바람이 잘 통하는 장소에서 작업을 하고 부면의 작업자에게도 신호를 하여 주위를 환기시킨다. 인수한 가솔린은 정해진 안전한 보관 장소에 수납하며, 인수한 후 보관 시에는 정전기가 발생하기 쉬운 플라스틱제의 펌프나 탱크는 사용하지 말아야 한다.

(a)

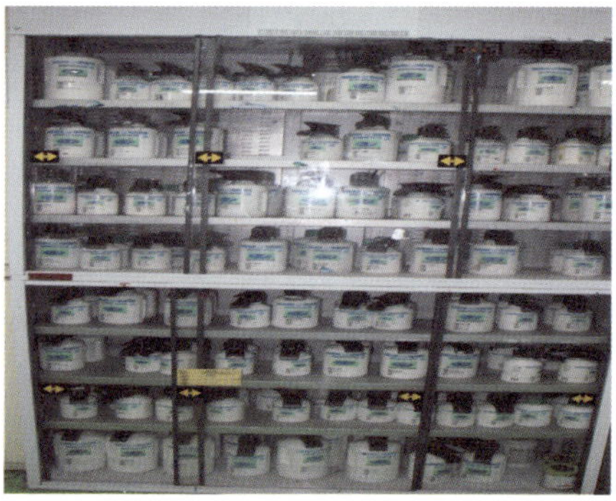

(b)

**그림 8-11** 도료류 및 위험물 보관

소방법에 따라 일정량 이상의 가연성 유기용제를 함유하는 도료 및 가솔린 등의 저장(일시적인 보관도 대상이 된다)은 소방서에 신고하고 저장설비의 설치, 취급에 대해서도 위험물 취급자의 지시 하에 사용해야 한다. 공장 내에서 필요한 경우를 제외하고 화재엄금을 안내하고, 담배는 휴게실 등 지정된 장소 이외에서는 피우지 말아야 한다.

도장 부스나 건조기 등 버너(온풍기)의 설비기기는 점검을 정확하게 실시하고 불완전한 상태에서 사용하지 않는다.

**[도장 공장 내 화재 사례]**

| | 장소 | 상황 | 발생원인 | 예방대책 |
|---|---|---|---|---|
| 1 | 도료 배합실 (Mixing Room) | 세척용 신나로 도료용 용기 청소시 정전 스파크에 의하여 점화됨, 즉시 소화기 사용으로 진화됨 | 도료 용기를 세척하는 과정에서 정전기가 발생함 EARTH 장치가 없음 | 바닥에 동판 설치함, 도료 배합실에서 사용되는 모든 용기류에 EARTH 설치함 |
| 2 | 언더코트 BOOTH | 공조기 수리시 용접작업 중 용접 불티가 인화성 물질 증기(용제 증기)가 잔류된 상태에 점화됨, BOOTH 내 ROBOT 및 벽면 일부 소실됨. | 인화성 물질을 제거하지 않은 상태에서 용접작업 실시함 | 용접시 인화물질 제거, 작업장 화재, 안전교육 실시, 소화설비 작동 준비 철저 |
| 3 | 상도 BOOTH (I) | 자동기로 SPRAY 중 GUN에서 스파크 발생하여 GUN 부위에 점화, 자동기 및 BOOTH 전소됨 | 도장 부스에서 정전기 발생으로 시너에 점화 | 도장 부스 MAINIENANCE 철저, 정전기 발생을 감지하는 안전장치 설치 |
| 4 | 상도 BOOTH (Ⅱ) | 도장 작업 종료 후 헝겊으로 도장 세척 중 발화됨, 즉시 하론 소화기 작동으로 진화됨 | 세정 시너에 담근 헝겊과 도장기의 잔류 정전기 발생으로 추정됨 | 세척방법 준수, 잔류 정전기 제거, 정전기 발생되지 않는 헝겊 사용 |
| 5 | 상도 BOOTH (Ⅲ) | 도장기로 SPRAY 중 도료 호스에서 점화됨, 즉시 소화기 사용으로 진화됨, 도료 배관 교환함 | PAINT DUST로 오염된 호스에 정전기 발생으로 추정됨, EARTH 장치가 없음 | 도료호스 MAINIENANCE 철저, 설비에 오염된 PAINT DUST 제거 작업 표준화 |

# 2 폐기물의 처리와 작업관리

**학습목표** 폐기물처리 및 작업관리를 할 수 있다.

## 2.1 취급과 폐기

도료의 사용과 폐기에 대해서 환경대책 면에서는 폐기물처리법, 화학물질의 이동이나 사용에 대해서는 PRTR법 외에 각 도, 시, 군의 조례 등으로 규정되어 있다. 환경문제는 중요한 과제로 재활용 가능한 재료 사용, 환경 교육 및 인식개선, 재생에너지 사용 및 에너지 효율 개선, 친환경적인 원재료 사용, 환경규제 준수 등 중요한 요소로 작용하고 있다. 항상 최신 법률 내용을 이해하여 그것에 따른 대응도 필요하며, 폐기물처리법은 폐기물의 배출 및 처리, 생활 폐기물의 처리, 사업장 폐기물 등을 적정하게 처리하여 자연환경 및 생활환경을 청결히 함으로써 환경보전과 국민생활의 질적 향상에 이바지함을 목적으로 제정되었다.

폐기물은 자동차만 대상이 되는 것은 아니며, 연소되기 쉬운 폐유나 특정 화학물질을 포함하는 도료 등은 별도의 특별관리 산업 폐기물로 지정되어 있다. 매너페스트 제도는 배출, 수집, 운반, 처리에 대한 흐름을 문서의 기록으로 관리해야 한다. 특별관리 산업폐기물을 배출하는 사업소에는 관리책임자를 두어야 한다.

유기계 화합물(VOC)은 공기 중에 배출되는 대기오염의 원인물질 중 하나이다. 유럽에서는 엄격한 수치로 배출량이 규제되어 사용량을 법적으로 규제하고 있다. "특정 화학물질의 배출량 등을 파악 및 관리 개선에 관한 법률"로 지정된 화학물질을 취급하는 경우 배출량의 신고 등(화학물질 등 안전 데이터 시트) 시트의 교부가 요구되며, 규정의 양, 스터프 수를 초과하는 사업소는 교부 대상이 되며, 유기용제의 트루엔, 키시렌이 포함되어 있는 지정 물질은 신고를 필요로 한다.

특정폐기물 및 화학물질 등은 지정의 화학물질을 포함하는 제품을 사업자에게 인도와 데이터를 사전에 제공하고, 제품별 시트는 도료 메이커로부터 인터넷의 홈페이지 등 여러 가지 방법으로 사양을 얻을 수 있으며, 도료류의 폐기는 수집, 운반, 처리의 자격을 가진 업자에 의뢰하거나 도료 메이커 관련업체에서 처리하는 것이 바람직하다.

## 2.2 폐 용제 재생장치

유기용제의 대책으로서 폐기하는 용제량을 감소시키기 위해 적합한 것이 폐 용제 재생장치가 필요하며, 기본적으로 폐 용제를 간접적으로 가열한 후 증류시켜 재생하는 구조다. 재생한 용제는 세정용 시너로 사용하며, 스프레이건 세정기와의 재생장치가 일체형을 사용하면 편리하다.

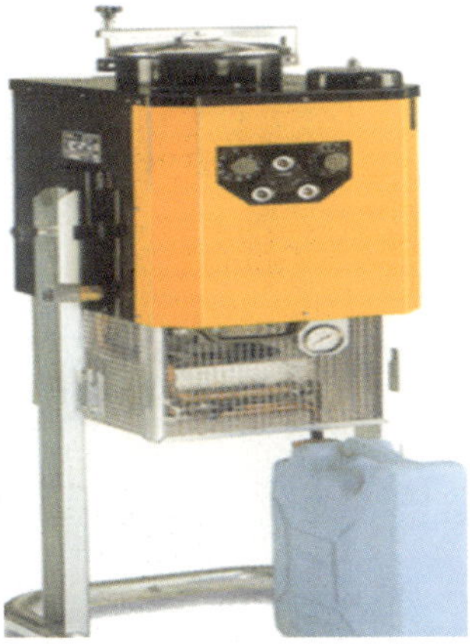

(a)

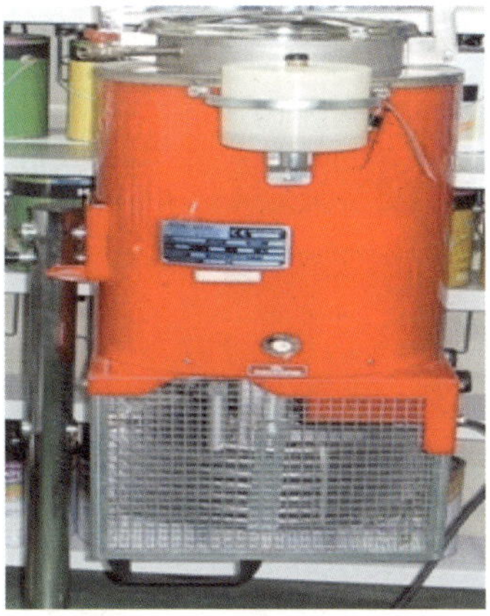

(b)

그림 8-12 폐 시너 재생기

## 2.3 대기환경보전법

대기환경보전법에는 악취 발생을 방지하는 법률도 포함되어 있다. 예를 들면 공장 주변의 주택에서 시, 읍, 면에 신청할 경우 측정이 이루어지고, 위반시 개선명령 등 행정적인 절차가 이루어지며, 악취로서 지정되어 있는 물질은 트루엔, 키시렌이 포함되어 있다.

## 2.4. 탈취장치

도장이나 건조시에 도료의 냄새 발생대책으로 유효한 것이 탈취장치이다. 여러 가지 종류가 있으나 도장 부스의 배기 닥트 속이나 외부 환기부에 장치하는 것이 일반적이며, 활성탄에 의한 흡수나 소취제를 뿌리는 구조로 되어 있다.

## 2.5. 설비 기기의 정비

우수한 품질과 생산성 향상을 위해 작업기기 및 설비 기기를 항상 최고의 성능으로 가동할 수 있는 상태로 유지해 두어야 한다.

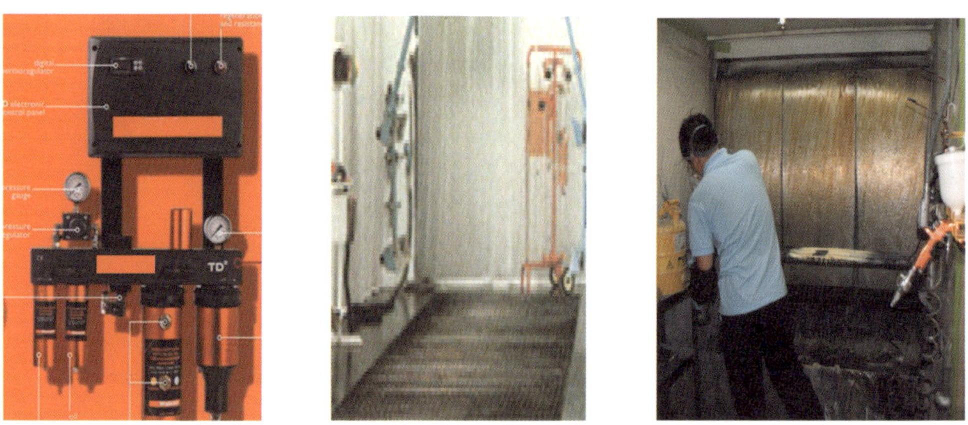

(a) (b) (c)

그림 8-13 설비기기 점검

일일 검점과 주일 점검 등 정기적으로 설비기기를 점검 · 정비해야 한다.

① 설비기기마다 필요로 하는 정기 정비 항목을 정한다.

② 정비의 시기나 횟수를 정한다(사용 횟수, 양에 좌우된다).

③ 매일, 일주일마나. 한 달마다, 반년마다 등으로 종합해서 정리하여 기기와 항목

을 기재한 정기 점검표를 만든다.

④ 담당자가 점검하여 결과를 점검표에 기재한다.

⑤ 책임자가 점검표에서 실시 유무를 점검한다. 또한 설비기기의 사용설명서 및 사양서는 결함이 발생된 경우에 참고할 수 있도록 적절히 관리하며, 점검 담당자는 정비 항목과 시기 관리방법을 기록하고 체계적으로 매뉴얼화하여 점검하면 편리하다.

## 2.5.1 공기 배관

### [1] 일일점검

컴프레서, 애프터 쿨러, 에어 드라이어, 에어 필터, 트랜스포머, 배관 선단의 드레인 빼기

### [2] 주 1회 점검

컴프레서에서는 공기 흡입구의 필터, V벨트, 오일, 본체 외관, 조인트부의 점검, 청소로서 점검하고 노후 부품은 교환한다.

## 2.5.2 도장 부스

점검 시기는 사용횟수에 따라 달라지나, 흡·배기 팬 구동벨트, 공기 스윙 모터, 에어 실린더, 부스내의 비닐, 천장필터, 바닥필터를 점검하여 도장결함이 일어나지 않도록 점검하고 노후 부품은 교환한다.

## 2.5.3 샌더류

바디 전체의 먼지를 에어로 제거하고, 배기구, 패드의 흡입구에 에어건을 집어넣고 내부까지 깨끗하게 청소한다. 샌더기 전용 오일 또는 스핀들 #100 오일을 1~3방울 정도를 공기 접속구로 주유하고, 공회전시켜 샌더기 베어링을 윤활한다.

### 2.5.4 흡진장치

사용 횟수와 시간에 따라 점검 시기를 정하여 정비하고, 필터의 교환과 연마 분말을 회수시기를 정하여 주기적으로 처분한다.

## 2.6 소모품의 사용기한

사용재료의 품질도 본래의 성능을 유지해 둘 필요가 있으며, 사용기간이 경과된 제품을 사용한다면 도장결함으로 이어지며 소모품의 관리 또한 중요하다.

### 2.6.1 보관

소모품의 보관은 제품사양에 따라 보관하며, 도료류는 제품의 주의사항과 내용연수를 지키는 것이 좋으며, 열악한 환경에서의 보존은 사용 기한을 단축시킬 우려가 있다.

### 2.6.2 기술자의 훈련

기술자 중에는 개인이 개발한 합리적인 관리시스템을 다른 기술자에게 공유하는 것을 꺼리는 경우도 있으나, 우수한 품질의 관리를 확보하고 유지하기 위해 공정관리 및 품질관리 기술을 상위 레벨로 숙련하도록 노력하며 계속되는 최신 기술의 습득, 지식의 공유는 반드시 필요하다.

우수한 작업방법은 서로 배우고 상호 자극해서 레벨 업시켜 나아가야 할 것이며, 전혀 같은 내용의 작업이 없고 특히 손작업에 의한 부분도 적지 않은 도장 기술자에게는 항상 연구하는 자세가 필요하며, 다음의 목표와 신기술에 대한 정보교류와 문제해결을 위해 서로의 정보공유와 노력이 필요하다.

## 2.7 품질보증

품질보증에서 보수도장과 관계되는 것은 도막의 부분이며, 보증내용은 보통의 사용

조건에서 도막에 결함이 발생되었을 경우의 재수리, 연수 및 주행거리로 기한을 정하거나 정하지 않는 경우 영구보증이 일반적이다.

메이커 이외의 상호로 보증서를 지급할 경우에는 그에 관계되는 조건을 제시하며, 도료 메이커에 의한 도막의 품질보증제도는 인정된 공정조건에 따라 도장의 마무리를 한 결과 클레임이 발생되면 재 수리의 비용은 도료 메이커가 부담한다.

조건으로서는 ① 재료는 지정된 상도에서 하도를 포함한 토털시스템을 사용 ② 기준에 맞는 설비기기의 보유 ③ 도료 메이커의 연수원 등에서 교육을 받아 인정된 기술자가 매뉴얼대로의 도장시스템으로 작업한다.

보증을 하기 위해서는 품질관리가 필요하며, 기록도 유지하여야 한다.

### 2.7.1 공정의 표준화

차체수리 업체에서 같은 공장 내에서도 기술자에 따라서 다른 재료를 사용하여 각각 독자적인 방법으로 작업을 하는 경우가 있으며, 작업 공정이나 방법 등이 문서화도 되어 있지 않다.

도료 메이커의 품질보증의 시스템에서는 재료나 공법이 규정되어 있다. 자사에서 보증하는 경우에도 그와 같은 독자적인 작업 표준화가 꼭 필요하다.

작업공정, 작업방법, 사용하는 설비기기의 재료, 요구하는 마무리 수준(공정 및 완성검사) 등을 표준화하면 어느 기술자가 담당하더라도 동일한 정도의 마무리가 달성되며 안정된 품질이 확보된다. 또한 이것은 공정의 매뉴얼화가 되어 신인 기술자를 양성할 때도 원활하게 진척된다.

### 2.7.2 작업 기록의 유지

품질보증서와 작업 기록은 꼭 필요한 사항이고, 도막의 결함으로 클레임이 발생한 경우 원인을 분석하는 자료가 되며. 결함을 검토한 결과를 바탕으로 필요한 시정조치와 동일한 실수를 일으킬 가능성이 감소된다.

견적서는 입고, 출고일, 고객명과 차량의 고장부위와 부품교환이나 판금 수리한 패널을 알 수 있으나 도장분야의 기록으로서는 부족하다. 견적서만으로는 실제 작업의 범위(도시하거나 사진첨부), 도장공정, 사용재료(도료 등), 도장조건, 작업일(날씨, 온도, 습도), 구도막의 상태, 마무리 수준 등을 데이터 기록을 위해 작업공정별 작업 기록이 필요하다.

공정이나 재료가 표준화되어 있다면 작업 기록은 하자보수 및 다음에 같은 차량이 입고하였을 때의 진단서로서 유용하게 이용되고, 수리내역 기록을 확인함으로서 A/S시간을 단축할 수 있으며, 이 기록의 복사를 고객에게 주는 것도 서로의 신뢰감을 높여준다.

MEMO

# 도장결함 및 도장용어